计算机类技能实战系列丛书
互联网+创新型“十四五”精品教材

Photoshop 网店美工实战教程

（微课版）

主　编　齐建军　孙宗信　王晓强
副主编　李　丽　任　浩　邢杨梅
　　　　李祖一　江宝英　付亚军

哈尔滨工程大学出版社
Harbin Engineering University Press

内 容 简 介

本书共 7 个项目，内容包括网店首页设计技巧、网店装修设计技巧、网店商品图像的美化、网店商品图像的抠图技巧、网店商品文字设计、网店商品广告制作技巧，以及网店装修设计实战。学生学习后可以快速掌握网店美工所需的 Photoshop 相关操作方法。

本书图片精美，实用性强，既可作为应用型本科院校、职业院校的教材，也可作为图像设计爱好者的参考书。

图书在版编目（CIP）数据

Photoshop 网店美工实战教程 ： 微课版 / 齐建军，孙宗信，王晓强主编. -- 哈尔滨 ： 哈尔滨工程大学出版社，2025. 1. -- ISBN 978-7-5661-4665-6

Ⅰ. TP391.413

中国国家版本馆 CIP 数据核字第 20257UT319 号

Photoshop 网店美工实战教程（微课版）

Photoshop WANGDIAN MEIGONG SHIZHAN JIAOCHENG（WEIKE BAN）

选题策划 张林峰

责任编辑 吴振雷

出版发行 哈尔滨工程大学出版社

社　　址 哈尔滨市南岗区南通大街 145 号

邮政编码 150001

电　　话 0451-82519328

传　　真 0451-82519699

经　　销 新华书店

印　　刷 三河市中晟雅豪印务有限公司

开　　本 787 mm×1 092 mm　1/16

印　　张 13

字　　数 333 千字

版　　次 2025 年 1 月第 1 版

印　　次 2025 年 1 月第 1 次印刷

书　　号 ISBN 978-7-5661-4665-6

定　　价 49.80 元

http://www.hrbeupress.com

E-mail:heupress@hrbeu.edu.cn

前　言

党的二十大报告指出，“坚持尊重劳动、尊重知识、尊重人才、尊重创造，实施更加积极、更加开放、更加有效的人才政策”“着力形成人才国际竞争的比较优势。加快建设国家战略人才力量”“深化人才发展体制机制改革……把各方面优秀人才集聚到党和人民事业中来”。

本书通过全面介绍网店美工设计者应该掌握的知识和工作内容为切入点，逐步深入展开网店美工的实战介绍，涵盖美工基本理论和知识。网店的美工设计，也就是店铺的装修与广告设计，成为提升客流量与转化率的关键因素。如何通过图片恰当搭配与布局，让店铺中的商品从众多竞争对手中脱颖而出，吸引用户点击、浏览，这是进行网店美工设计时必须要重点考虑的问题。本书特点如下。

（1）本书体系结构完整，内容全面，技巧实用，技术含量高，与实践紧密结合。每个项目都具有很强的可操作性和实用性，便于学生熟练掌握相关技能。

（2）本书语言通俗易懂，讲解清晰，前后呼应，以小的篇幅和易懂的语言讲解每一个实例，让读者阅读更加容易，学习更加轻松。

（3）为帮助读者尽快掌握网店美工岗位的技能，本书使用图文并茂的操作指示，在案例中采用二维码嵌入微课的形式，让读者拥有较好的阅读体验，从而快速掌握网店美工设计的各种知识和技能。

本书由齐建军、孙宗信、王晓强担任主编；由李丽、任浩（南阳科技职业学院），邢杨梅（河南技师学院），李祖一（河南医药健康技师学院），江宝英（江西制造职业技术学院），付亚军（湖北孝感思创科技学校）担任副主编。本书的相关资料和售后服务可扫封底微信二维码或登录 www.bjzzwh.com 下载获得。

由于编者水平有限，书中难免存在疏漏和不当之处，敬请广大读者批评指正。

编　者

目　录

项目 1　网店首页设计技巧

任务 1　色彩的运用 1

1.1.1　色彩 2
1.1.2　色彩基本要素 2
1.1.3　色调构成网店整体色彩 5
1.1.4　对比配色丰富的色彩画面 8
1.1.5　调和配色满足视觉需求 11

任务 2　店招的设计原理 14

1.2.1　店招的外观设计 14
1.2.2　加深顾客对品牌的记忆 15
1.2.3　店招的制作方法 16
1.2.4　店招的基本作用 17

任务 3　欢迎模块的设计技巧 18

1.3.1　设计欢迎模块的具体内容 18
1.3.2　设计欢迎模块的必备元素 21
1.3.3　留白处理增加美感 21

任务 4　网店设计的排版布局 22

1.4.1　字体决定网店风格 22
1.4.2　文字编排准则要求 25
1.4.3　文字的分割方式 27
1.4.4　页面版式的设计原则 29
1.4.5　网店画面的背景处理 33

项目小结 35

项目习题 35

项目 2　网店装修设计技巧

任务 1　网店装修知识 37

2.1.1　展示商品的要点信息 39
2.1.2　详细介绍商品情况 40
2.1.3　体现商品的重点特色 42

任务 2　网店装修基本技巧 43

2.2.1　确定装修风格 43
2.2.2　体现营销特色 44
2.2.3　设计美观效果 45
2.2.4　展示技术实力 45
2.2.5　定位顾客需求 46

任务 3　网店装修注意事项 46

2.3.1　页面设计的灵活性 47
2.3.2　页面布局的合理性 47
2.3.3　网店装修存在的误区 48

项目小结 49

项目习题 49

项目 3　网店商品图像的美化

任务 1　处理商品图像 50

3.1.1　移动工具..50

3.1.2　裁剪工具..52

3.1.3　旋转图像..53

3.1.4　翻转图像..55

3.1.5　扭曲命令..56

3.1.6　透视功能..57

任务 2　商品图像色调 58

3.2.1　“自动对比度”命令........................58

3.2.2　“亮度/对比度”命令......................59

3.2.3　“色阶”命令....................................59

3.2.4　“曲线”命令....................................60

3.2.5　“曝光度”命令................................61

3.2.6　“自然饱和度”命令........................62

3.2.7　“色相/饱和度调”命令 63

3.2.8　“色彩平衡”命令 64

3.2.9　“替换颜色”命令 66

3.2.10　“可选颜色”命令 67

任务 3　美化商品图像 68

3.3.1　仿制图章工具 69

3.3.2　图案图章工具 70

3.3.3　污点修复画笔工具 71

3.3.4　修补工具 72

3.3.5　橡皮擦工具 74

3.3.6　填充命令 75

3.3.7　模糊工具 77

3.3.8　锐化工具 78

项目小结 79

项目习题 79

项目 4　网店商品图像的抠图技巧

任务 1　运用工具抠图技巧 80

4.1.1　矩形选框工具..................................80

4.1.2　椭圆选框工具..................................81

4.1.3　磁性套索工具..................................83

4.1.4　橡皮擦工具......................................84

4.1.5　背景橡皮擦工具..............................85

4.1.6　魔术橡皮擦工具..............................86

4.1.7　魔棒工具..87

任务 2　商品图像的高级抠图技巧 90

4.2.1　钢笔工具抠取多边形商品................91

4.2.2　钢笔工具抠取平滑边缘的商品........92

4.2.3　矩形工具 94

4.2.4　椭圆工具 96

4.2.5　快速蒙版 97

4.2.6　图层蒙版 100

4.2.7　矢量蒙版 102

4.2.8　通道对比 103

项目小结 104

项目习题 105

项目 5　网店商品文字设计

任务 1　网店商品文字效果 106

5.1.1　横排文字效果 106
5.1.2　直排文字效果 108
5.1.3　文字的水平与垂直方向 110
5.1.4　文字蒙版 111
5.1.5　段落文字效果 113
5.1.6　文字段落属性 115
5.1.7　路径排列 116
5.1.8　文字路径 117

任务 2　网店商品文字特殊效果的设计 118

5.2.1　制作变形文字 119
5.2.2　制作文字描边 120
5.2.3　制作颜色渐变 122
5.2.4　制作发光效果 123
5.2.5　制作颜色叠加 125

项目小结 126

项目习题 126

项目 6　网店商品广告制作技巧

任务 1　制作网店商品广告特效 127

6.1.1　运用怀旧特效 127
6.1.2　运用暖黄特效 129
6.1.3　运用冷蓝特效 131
6.1.4　运用冷绿特效 133
6.1.5　运用复古特效 135
6.1.6　运用幻灯片效果 137
6.1.7　运用拍立得特效 139
6.1.8　运用单张立体空间 142

任务 2　手包店铺的商品图像 145

6.2.1　“新建”命令创建图像 145
6.2.2　魔棒工具抠取商品图像 146
6.2.3　拖曳图像添加花纹和颜色 147
6.2.4　矩形选框工具填充颜色 148
6.2.5　添加文字说明 149

任务 3　淘宝店庆的广告效果 151

6.3.1　“新建”命令创建图像 151
6.3.2　移动工具添加花纹图像 152
6.3.3　魔棒工具抠取商品图像 154
6.3.4　图层蒙版与渐变工具制作倒影 156
6.3.5　“描边”命令添加图像层次感 157
6.3.6　“渐变叠加”命令制作文字特效 158
6.3.7　横排文字工具制作多种效果 160

任务 4　制作玩具店铺的商品图像 162

6.4.1　运用“新建”命令创建文件 162
6.4.2　运用矩形工具制作背景框架效果 163
6.4.3　运用魔棒工具删除白色背景 164
6.4.4　运用文字工具添加相应文字 165

项目小结 167

项目习题 168

项目 7　网店装修设计实战

任务 1　美食网店设计实战......................169

7.1.1　设计美食网店的导航条和店招.......171
7.1.2　设计美食网店的首页欢迎模块.......173
7.1.3　设计美食网店的商品推荐区..........175
7.1.4　设计美食网店的商品展示区..........179
7.1.5　设计美食网店的底部功能区..........182

任务 2　美妆网店设计实战......................184

7.2.1　设计美妆网店的店招和导航条........185
7.2.2　设计美妆网店的首页欢迎模板........188
7.2.3　设计美妆网店的促销方案................191
7.2.4　设计美妆网店的商品展示区............193
7.2.5　设计美妆网店的商品热销区............196

项目小结..199

项目 1　网店首页设计技巧

项目概述

色彩是淘宝网店装修中的重要构成元素，在无形之中能体现网店广告的主题内涵。色彩应用在淘宝网店中具有很强的识别性，能够突出版面的视觉度，同时决定了广告氛围的意向特征，影响着主题内涵的传达。网店招聘（以下简称店招）和欢迎模块是网店设计的基础元素区域，提升这些基础部分的设计美观度可以让网店的整体效果更上一层楼。本项目主要介绍淘宝美工核心区域的设计方法，主要包括店招、导航条、欢迎模块等内容。

知识目标

- 掌握色彩的运用理论知识。
- 了解店招的设计原理。
- 掌握欢迎模块的设计技巧。
- 熟练掌握网店设计的排版布局。

素质目标

- 培养学生创新思维能力和健康的审美意识，提高其艺术欣赏水平。
- 带领学生感知和体验网店设计基本操作，掌握网店设计的技巧。

任务 1　色彩的运用

TASK 任务概述

色彩是来自光的产物，生活中所看到的色彩并不是物体的固有色彩，而是对光的反射产生的色彩。根据现代科学的划分，色彩主要分为有彩色系和无彩色系。人们在社会环境中长期积累的认识、主观意向以及人类自身的生理反应，会使自身对色彩产生一种习惯性的反应与心理暗示，就色彩的冷暖而言，可以将色调分为冷色调和暖色调。

在网店装修过程中，在表现刺激、活泼、热情、开放等氛围时，可以使用暖色系；在表现冷清、镇静、清爽等氛围时，则可以使用冷色系。因此，把握好色彩的冷暖就能搭配出具有不同情感的网店装修画面效果。

任务重点与实施

1.1.1 色彩

1．有彩色系

有彩色系指的是带有某一种标准色倾向的色，光谱中的全部色都属于有彩色，基本的色相包括红、橙、黄、绿、青、蓝、紫，如图 1-1 所示。在这些基本色相的基础上，不同色相比例的混合可产生成千上万种有彩色。

图 1-1 有彩色系

有彩色中的任何颜色中都具有 3 大要素，即色相、明度和纯度，因此在图像的制作过程中，根据有彩色的特性，通过调整其色相、明度以及纯度间的对比关系，或通过几个色彩间的面积调和，可搭配出色彩斑斓、变化无穷的网店装修画面效果。

2．无彩色系

无彩色系是指黑色、白色以及各种明度的灰色，无彩色之间只具备明度的变化。以这 3 种色调为主构成的画面也是别具一格的，在进行网店装修的配色中，为了追求某种意境或者氛围，有时也会使用无彩色来进行搭配。无彩色没有色相的种类，只能以明度的差异来区分，无彩色没有冷暖的色彩倾向，因此也被称为中性色，如图 1-2 所示。

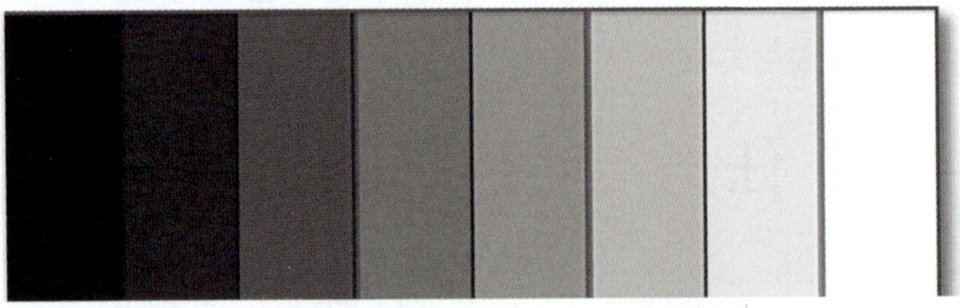

图 1-2 无彩色系

无彩色中的黑色是所有色彩中最黑暗的色彩，通常能够给人沉重的印象，而白色是无彩色中最容易受到环境影响的一个颜色，设计的画面中白色的成分越多，画面效果就越单纯。而灰色则处于白色和黑色之间，它具有平凡、沉默的特征，很多时候在网店装修中作为调节画面色彩的一种颜色，可以给顾客带来安全感和亲切感。

1.1.2 色彩基本要素

消费者所看到的网店装修的颜色中，虽然各种画面千差万别，各不相同，但是任何画面的色彩都具备 3 大基本要素的特征，色彩也可以根据这 3 大要素精修体系化的归类。

1．色相

苹果是红色的，柠檬是黄色的，天空是蓝色的，当考虑不同色彩的时候，时常用色相来表示，如图 1-3 所示。因此，用色相这一术语将色彩区分为红色、黄色或蓝色等类别。

（a）色相条

（b）色相渐变条

图 1-3　色相图

色相是色彩的最大特征，所谓色相是指能够比较确切地表示某种颜色色别的名称，也是各种颜色直接的区别，同样也是不同波长的色光被感觉的结果。

色相是由色彩的波长决定的，以红、橙、黄、绿、青、蓝、紫代表不同特性的色彩相貌，构成了色彩体系中的最基本色相，色相一般由纯色表示，图 1-3 分别为色相的纯色块表现形式和色相间的渐变过渡形式。

虽然红色和黄色是完全不同的两种色相，但可以混合它们来得到橙色。混合黄色和绿色可以得到黄绿色或青豆色，而绿色和蓝色混合则产生蓝绿色。因此，色相是互相关联的，我们把这些色相排列成圈，这个圈就是“色环”，如图 1-4 所示。

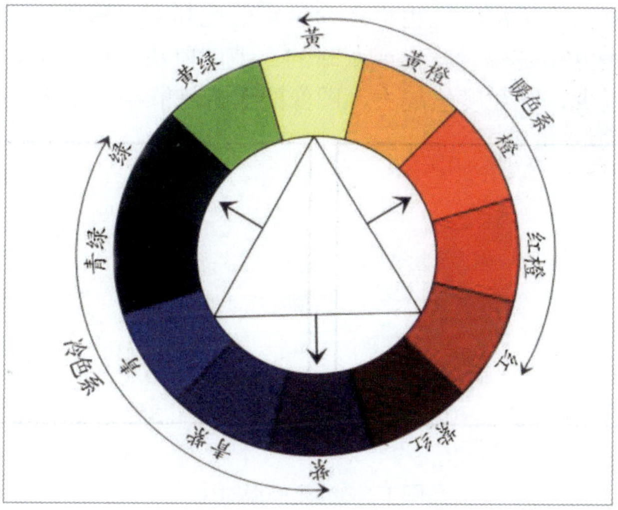

图 1-4　色环

▶ 专家指点

色环其实就是在彩色光谱中所见的长条形的色彩序列，只是将首尾连接在一起，使红色连接到另一端的紫色，色环包括 12 种不同的颜色。

暖色：暖色由红色调构成，如红色、橙色和黄色。这种颜色选择给人以温暖、舒适、有活力的感觉。这些颜色产生的视觉效果使其更贴近观众，并在页面上更显突出。

冷色（也称寒色）：冷色来自于蓝色调，如蓝色、青色和绿色。这些颜色使配色方案显得稳定和清爽。它们看起来还有远离观众的效果，所以适于做页面背景。

2．明度

有些颜色显得明亮，而有些却显得灰暗。这就是亮度是色彩分类的一个重要属性的原因。例如，柠檬的黄色就比葡萄柚的黄色显得更明亮一些。如果将柠檬的黄色与一杯红酒的红色相比，显然，柠檬的黄色更明亮。可见，明度可以用于对比色相不同的色彩，如图 1-5 所示。

明度高　　　　明度低

图 1-5　明度高低对比

明度是眼睛对光源和物体表面的明暗程度的感觉，主要是由光线强弱决定的一种视觉经验。简单说，明度可以简单理解为颜色的亮度，不同的颜色具有不同的明度，任何色彩都存在明暗变化，其中黄色明度最高，紫色明度最低，绿、红、蓝、橙的明度相近，为中间明度。另外在同一色相的明度中还存在深浅的变化，如绿色中由浅到深有粉绿、淡绿、翠绿等明度变化。

3．纯度

纯度通常是指色彩的鲜艳程度，也称之为色彩的饱和度、彩度、含灰度等，它是灰暗与鲜艳的对照，即同一种色相是相对鲜艳或灰暗的，纯度取决于该色中含色成分和消色成分的比例，其中灰色含量越少、饱和度值越大，图像的颜色越鲜艳，如图 1-6 所示。

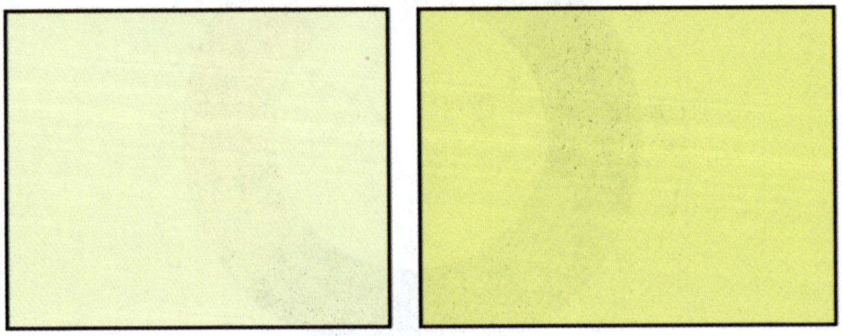

（a）　　　　（b）

图 1-6　纯度高低对比

如图 1-6 所示，用色相相同的做比较，很难用明度来解释这两种颜色的不同，而纯度这一概念则可以很好地解释为什么人们看到的颜色如此不同。

有彩色的各种颜色都具有彩度值，无彩色的彩度值为 0，彩度由于色相的不同而不同，而且即使是相同的色相，明度不同，彩度也会随之变化的。

纯度是说明色质的名称，也称饱和度或彩度、鲜度。色彩的纯度强弱，是指色相感觉明确或含糊、鲜艳或混浊的程度，如图 1-7 所示。高纯度色相加白或黑，可以提高或减弱其明度，但都会降低它们的纯度。如加入中性灰色，也会降低色相纯度。

同一色相的色彩，不掺杂白色或者黑色，则被称为纯色。在纯色中加入不同明度的无彩色，会出现不同的纯度，如图 1-7 所示。

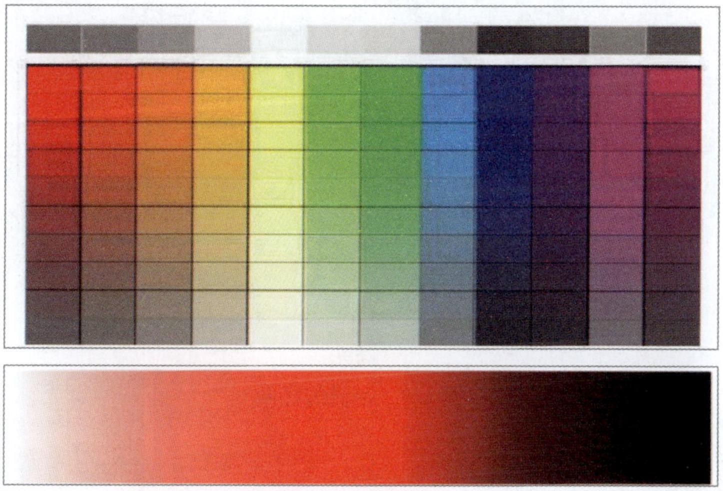

图 1-7　纯度表

▶ 专家指点

以红色为例，向纯红色中加入一点白色，纯度下降而明度上升，变为淡红色。继续增加加入白色的量，颜色会越来越淡，纯度下降，而明度持续上升。向纯红色中加入一点黑色，纯度和明度都会下降，变为深红色。继续增加加入黑色的量，颜色会越来越暗，纯度和明度都持续下降。

1.1.3　色调构成网店整体色彩

色调是色彩运用中的主旋律，是构成网店装修画面的整体色彩倾向，同时也可以理解为“色彩的基调”，画面中的色调既是指单一的色彩效果，也是指色彩与色彩之间相互关系中所体现的总体特征，是色彩组合多样、统一中呈现出的色彩倾向，如图 1-8 所示。

在网店装修的过程中，往往会使用多种颜色来表现形式多样的画面效果，但总体都会有一种倾向，是偏黄或偏绿，是偏冷或偏暖等，这种颜色上的倾向就是画面给人的总体印象。

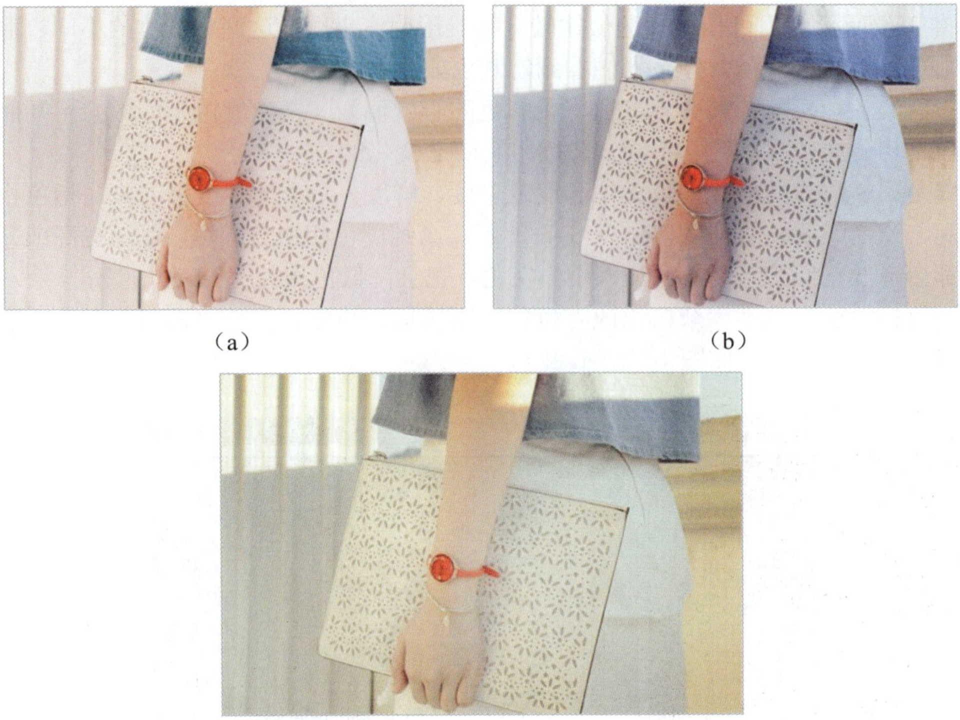

（a）　（b）

（c）

图 1-8　色调的倾向

1．色相的作用

色相是决定色调最基本的因素，对于色调起着重要的作用。色调的变化主要取决于画面中设计元素本身色相的变化，如某个网店呈现为红色调、黄色调或紫色调等，其指的就是注册画面设计元素的固有色相，就是这些占据画面主导地位的颜色决定了画面的色调倾向，如图 1-9 所示。

图 1-9　红色调为主的首页

图 1-9 的网店装修画面中，使用了大面积的红色调，充分体现了红色调热情的色彩印象，营造出朝气蓬勃的感觉，而小面积黄色的添加，使得画面更加丰富。

2．明度的变化影响

当确定了构成画面的基本色调后，色彩明度的变化也会对画面造成极大的影响，画面明亮或者暗淡，其实就是明度的变化赋予画面的不同明暗倾向，因此在对一个网店装修的画面进行构思设计时，采用不同明度的色彩能够创造出丰富的色调变化。

手表网店装修画面中使用大面积的低明度色彩时，浓重的色彩会给人深沉的感觉，并表现出具有深远寓意的画面效果；低明度的色调使得画面呈现出一种神秘的格调，黑色背景中的手表给顾客留下品质高端的印象，如图 1-10 所示。

饰品网店装修画面中使用明度值较高的色彩进行配色时，高明度色彩之间的明暗反差会变小，添加高明度的白色，让画面呈现出高贵的感觉，如图 1-11 所示。

图 1-10　低明度首页

图 1-11　高明度首页

3．色调纯度的倾向

在色彩的 3 大基本属性中，纯度同样是决定色调不可或缺的因素，不同纯度的色彩所赋予的画面感觉也不同，通常所指的画面鲜艳度或昏暗度均为色彩的纯度所决定的。在网店装修中，色调纯度的倾向一般会根据商品具体的色彩来确认。

不过，就色彩的纯度倾向而言，高纯度色调和低纯度色调都能赋予画面极大的反差，给顾客带来不同的视觉印象，如图 1-12 所示。

（a）

（b）

图 1-12　高纯度首页

▶ 专家指点

纯度是深色、浅色等色彩鲜艳度的判断标准。纯度最高的色彩就是原色，随着纯度的降低，就会变化为暗淡的、没有色相的色彩。纯度降到最低就是失去色相，变为无彩色。

当画面以高纯度的色彩组合表现主题的时候，鲜艳的色调能表达出积极、强烈的效果。图 1-13 的香水商品图像就使用了纯度较高的色彩，使商品更加凸显，增强了视觉冲击力。

图 1-13　高纯度详情页

当画面以低纯度的色彩表现主题时，显示出复古与怀旧的感觉，为原本的画面添加了一种协调与惬意的感觉。

1.1.4　对比配色丰富的色彩画面

在人们的生活中，时时处处都充满着各种不同的色彩。人们在接触这些色彩的时候，常常都会以为色彩是独立的，天空是蓝色的、植物是绿色的、花朵是红色的。其实，色彩就像音符一样，唯有一个个音符组合在一起才能共同谱出美妙的乐章。实际上没有一个色彩是独立存在的、也没有哪一种颜色本身是好看的颜色或是不好看的颜色；而相反地，只有当色彩成为一组颜色组成中的其中一个的时候，才会说这个颜色在这里是协调或不协调，适合或不适合。

前面介绍过色彩是由色相、明度以及纯度 3 种属性所组成的，而其中的色相是人在最早认识色彩的时候所理解到的属性，也就是所谓色彩的名称，例如，红色、黄色、蓝色等，图 1-14 为最常见的 12 色相环。

因为互补色有强烈的分离性，所以使用互补色的配色设计可以有效增强整体配色的对比度、拉开距离感，而且能表现出特殊的视觉对比与平衡效果，使用得好能让作品令人感觉活泼、充满生命力。图 1-15 为色相差异较大的对比配色的网店首页效果，图中的网店首页，使用差异较大的单色背景来对画面进行分割，使其色相之间产生较大的差异，这样产生的对比效果就是色相对比配色，它让画面色彩丰富，具有感官刺激性，能够很容易地吸引顾客的眼球，使其产生浓厚的兴趣。

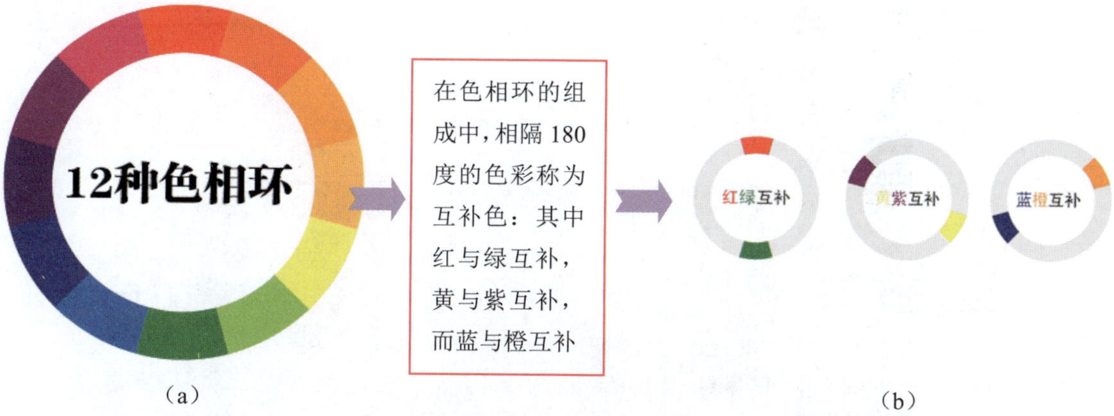

图 1-14　色相环互补色

图 1-15　色相差异较大的对比配色的网店首页效果

色相的对比，往往是由于差别所产生的，色彩的对比其实就是色相之间的矛盾关系，各种色彩在色相上产生细微的差别，都能够对画面产生一定的影响，色相的对比搭配可以使画面充满生机，并且具有丰富的层次感。

当然，如果将色彩的条件稍微放宽一点，比如说 180° 互补色的临近色系也搭入配色考虑的话，可以形成的色彩配色就更宽广、更丰富了。

由于互补色彩之间的对比相当强烈，因此要想适当地运用互补色，必须特别慎重考虑色彩彼此间的比例问题。因此当使用对比色配色时，必须利用大面积的一种颜色与另一种面积较小的互补色来达到平衡。如果两种色彩所占的比例相同，那么对比会显得过于强烈。如图 1-16 所示，网店装修中所使用的大面积的卡其色与小面积的土黄色形成了对比。

图 1-16　网店装修中的对比配色效果

同一种色彩，面积大而光量、色量亦增强，易见性及稳定性高，当较大面积的色彩成为主色时受周围色彩影响小，色彩的面积差异越大越容易调和。

图中的网店商品展示采用面积对比的配色方案，可以让商品的特点更加醒目和清晰，产生较大的视觉冲击力，能够取得引人注目的效果。

▶ 专家指点

某设计师曾经针对色彩的配色提出比例原则 70%、25%与 5%的配色比例方式，其中的底色为大面积使用的底色，而主色与强调色则是可以利用互补色的特性，来将主色以及强调色皆衬托出来，如图 1-17 所示。

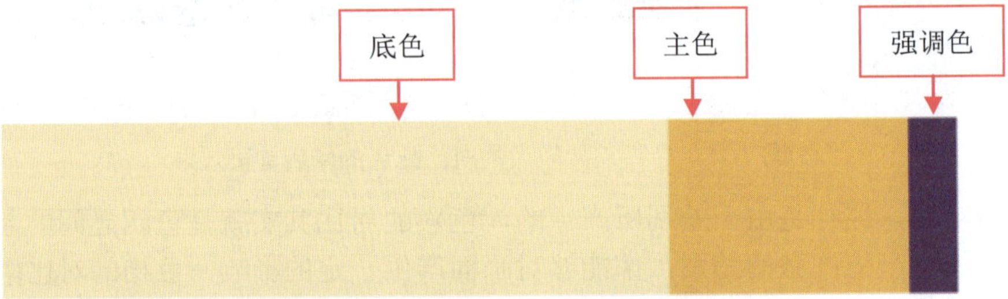

（a）

（b）

图 1-17　配色比例方式

例如，红与绿如果在画面上占有同样面积的时候，就容易让人头晕目眩。可以选择其中之一的颜色为大面积，构成主调色，而另一颜色为小面积作为对比色。通常情况下，以 3∶7 甚至 2∶8 的比例来作为分配原则。

1.1.5　调和配色满足视觉需求

“调”是调整、调理、调停、调配、安顿、安排、搭配、组合等意思；“和”可理解为和一、和顺、和谐、和平、融洽、相安、适宜、有秩序、有规矩、有条理、恰当，没有尖锐的冲突，相互依存，相得益彰等意思。配色的目的就是制造美的色彩组合，而和谐是色彩美的首要前提，它使色调让人感觉到愉悦，同时调配后的颜色还能满足人们视觉上的需求以及心理上的平衡。

和谐来自对比，和谐就是美。没有对比就没有刺激神经兴奋的因素，但只有兴奋而没有舒适的休息会造成过分的疲劳，会造成精神的紧张，这样调和也就成了一句空话。如此看来，既要有对比来产生和谐的刺激——美的享受，又要有适当的调和来抑制过分的对比——刺激，从而产生一种恰到好处的对比——和谐——美的享受。总的来说，色彩的对比是绝对的，而调和是相对的，调和是实现色彩美的重要手段。

1．色相的配色方案

在保证色相大致不变的前提下，通过改变色彩的明度和纯度来达到配色的效果，这类配色方式保持了色相上的一致性，所以色彩在整体效果上很容易达到调和。

以色相为基础的配色方案主要有以下几种。

（1）同一色相配色：指相同的颜色在一起的搭配，比如蓝色的上衣配上蓝色的裤子或者裙子，这样的配色方法就是同一色相配色法，如图 1-18 所示。

画面中的文字、背景等都使用肉色进行搭配，通过明度的变化使其产生强烈的差异，也使画面配色丰富起来，表现出柔和的特性

图 1-18　同一色相配色

（2）类似色相配色：指色相环中类似或相邻的两个或两个以上的色彩搭配。例如，黄色、橙黄色、橙色的组合，紫色、紫红色、紫蓝色的组合等都是类似色相配色。类似色相配色在大自然中出现得特别多，有嫩绿、鲜绿、黄绿、墨绿等。

（3）对比色相配色：指在色环中位于色环圆心直径两端的色彩或较远位置的色彩搭配。它包含了中差色相配色、对照色相配色、辅助色相配色。在 24 色相环中，两色相相差 4～7 个色，称为基色的中差色；在色相环上有 90° 左右的角度差的配色就是中差配色；它的色彩对比效果明快，是深受人们喜爱的颜色；在色相环上，色相差为 8～10 的色相组合，称为对照色。从角度上说，相差 135° 左右的色彩配色就是对照色。色相差 11～12，角度为 165~180° 的色相组合，称为辅助色配色。

（4）色相调和中的多色配色：在色相对比中，除了两色对比，还有三色、四色、五色、六色、八色以及多色的对比。在色环中成等边三角形或等腰三角形的三个色相搭配在一起时，称为三角配色。四角配色常见的有红、黄、蓝、绿及红、橙、黄、绿、蓝、紫等色。

2．明度分辨色彩反应

明度是人类分辨物体色最敏锐的色彩反应，它的变化可以表现事物的立体感和远近感。如希腊的雕刻艺术就是通过光影的作用产生了许多黑白灰的相互关系，形成了成就感；中国的国画也经常使用无彩色的明度搭配。有彩色的物体也会受到光影的影响而产生明暗效果，如紫色和黄色就有着明显的明度差。

明度可以分为高明度、中明度和低明度 3 类，这样明度就有了高明度配高明度、高明度配中明度、高明度配低明度、中明度配中明度、中明度配低明度、低明度配低明度 6 种搭配方式。其中，高明度配高明度、中明度配中明度、低明度配低明度，属于相同明度配色。在网店装修中，一般使用明度相同、色相和纯度变化的配色方式，如图 1-19 所示。

画面中背景图片的配色均为高明度调和配色，带给人清爽、亮丽、阳光感强的印象，表现出优雅、含蓄的氛围，是一组柔和、明朗的色彩组合方式，非常符合画面中女性护肤品的特点。画面中通过色块和间隙来对布局进行分割，利用相同明度的不同色相完成配色，得到一种安静的视觉体验

图 1-19　以明度为基础的调和配色

3．纯度中和画面色调

纯度的强弱代表着色彩的鲜艳程度，在一组色彩中，当纯度的水平相对一致时，色彩的搭配也就很容易达到调和的效果，随着纯度高低的不同，色彩的搭配也会有不一样的视觉感受。图 1-20 为以纯度为基础的网店调和配色方案，图中为某饰品网店的首页设计，画面处于一种柔和的中性纯度的色调中，让人产生一种低调奢华的感觉。

图 1-20　以纯度为基础的调和配色

4．无彩色突出主体物

无彩色的色彩个性并不明显，将无彩色与任何色彩搭配可以取得调和的色彩效果；将无彩色与无彩色搭配，可以传达出一种经典的永恒美感；将无彩色与有彩色搭配，可以用其作为主要的色彩来调和色彩间的关系。

▶ 专家指点

无彩色的彩色调和配色在设计单品文案的时候，能够达到突出主体物的作用。

因此，在网店的装修设计中，有时为了达到某种特殊的效果，或者凸显出某个特殊的对象，可以通过无彩色调和配色来对设计的画面进行创作，如图 1-21 所示。

将无彩色作为画面背景和辅助文字的颜色，而其余的商品图像使用有彩色，这样的配色让商品的细节和主题文字更加突出

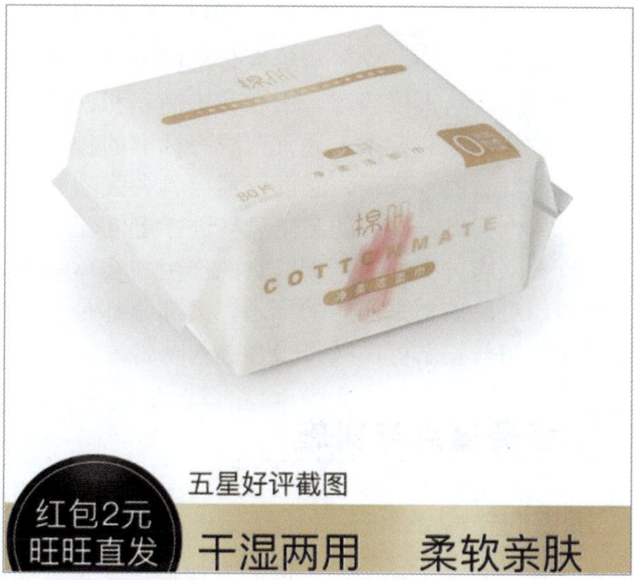

图 1-21　无彩色的调和配色

任务 2　店招的设计原理

任务概述

店招就是网店招牌，从品牌推广的角度来看，想要让网店引人注目，在店招的设计上就需要具备新颖、易于传播、便于记忆等特点，如图 1-22 所示。

图 1-22　网店店招

一个好的店招设计，除了能给人传达明确信息外，还能在方寸之间表现出深刻的精神内涵和艺术感染力，给人以静谧、柔和、饱满、和谐的感觉。要做到这些，在设计店招时需要遵循一定的设计原则和要求，通常要求有标准的颜色和字体、整洁的设计版面，还需要有一句能够吸引消费者的广告语，画面还需要具备强烈的视觉冲击力，清晰地告诉顾客你在卖什么，通过店招也可以对网店的装修风格进行定位。

店招位于网店首页的最顶端，它的作用与实体网店的店招相同，是大部分顾客最先了解和接触到的信息。店招是网店的标志，大部分都是由产品图片、宣传语言、网店名称等组成的，漂亮的店招与签名可以吸引顾客进入网店。

任务重点与实施

1.2.1　店招的外观设计

店招的外观和基本色调要根据页面的整体版面设计来确定，而且要考虑到在印刷、制作过程中进行缩放等处理时的效果变化，以便能在各种媒体上保持相对稳定。

在店招的设计上，以天猫网店为例，店招的设计尺寸应该控制在 950 像素×150 像素内，且格式为 JPEG 或 GIF，其中 GIF 格式就是通常所见的带 Flash 效果的动态店招，如图 1-23 所示。

店招设计是网店装修的一部分，它在旺铺视角营销中占据了相当重要的位置，它就像一块醒目的牌匾一直在顾客视线的上方。作为店主，最好是把它当广告牌来用，那么显眼的一个位置，要将最核心的信息展示出来，让消费者一看就懂、一目了然。

图 1-23　动态店招

店招到底怎么设计才好呢，首先要知道店招的内容是什么，确定好内容之后，再想一想它的功能，然后再动手开始设计。

1.2.2　加深顾客对品牌的记忆

顾客要掌握的网店信息最直接的来源就是店招，其次才是网店装修的整体视觉。对于品牌商品而言，店招可以让顾客进来第一眼就知道网店经营的品牌信息，而不用顾客再去其他页面或者模块中寻找。

对于经营网店、微店的商家而言，尤其要有成本意识，节约消费者了解你的成本，节约你向消费者介绍自己的成本。在店招中清晰地、大方地显示出网店的名称，使用规范的设计让网店的名称在网店、微店装修的各个区域出现都保持视觉高度一致。店招中添加 LOGO 和店名，加深顾客的记忆，提升品牌的推广度，如图 1-24 所示。

（a）店招内容——店招

（b）店招内容——店名 LOGO

（c）店招内容——网店特色与定位

图 1-24　某网店的店招设计

体现网店的定位，对于没有什么知名度的商家，有“口号”和“广告语”就放上去，没有也需要一个品牌的关键词介绍，起码让顾客知道网店的特点和特色，起到无形的推广作用。

营造出品牌的氛围和感觉，体现品牌气质很简单，可以通过品牌专属颜色、LOGO 颜色、字体等的规范应用，先从视觉上统一。

为了让店招有特点且便于记忆，在设计的过程中都会采用简短醒目的广告语辅助 LOGO 的表现，通过适当的图像来增强网店的认知度。

1.2.3 店招的制作方法

对于网店的店招而言，按照其状态可以分为动态店招和静态店招，下面介绍相关方法。

1. 制作静态店招

一般来说，静态店招由文字、图像构成，其中有些店招用纯图像表示，也有一些店招同时包含文字和图像，如图 1-25 所示。

（a）图像表示

（b）文图结合

图 1-25 静态店招的两种形式

2．制作动态店招

动态店招就是将多个图像和文字效果构成 GIF 动画。制作这种动态店招可以使用 GIF 制作软件完成，如 Easy GIF Animator、Ulead GIF Animator 等软件都可以制作 GIF 动态图像。设计前准备好背景图片和商品图片，然后添加需要的文字，如网店名称或主打商品等，然后使用软件制作即可，图 1-26 为使用 Photoshop 制作的 GIF 格式的店招。

（a）　　　　（b）

图 1-26　动态店招

店招最基本的功能就是让顾客明确网店的名称、销售的商品内容，让顾客了解到网店的最新动态，使用有特色的店招可以增强网店的昭示性，便于顾客记忆，从而提高网店知名度。

1.2.4　店招的基本作用

网店的店招主要是为了吸引顾客、留住顾客，应更多地从顾客的角度去考虑。图 1-27 为不同商品网店的店招，在其中可以清楚地看到商品的名称和广告语，从而对网店的风格有一定的了解。

（a）店招

（b）商品名称

（c）广告语

图 1-27　不同商品网店的店招

网店的店招同实体店的店招一样，就像一个网店的“脸面”，对网店的发展起着较为重要的作用，其主要作用如图 1-28 所示。

（a）提高网店知名度

（b）提升服务品质

图 1-28　店招的作用

任务 3　欢迎模块的设计技巧

任务概述

网店的首页欢迎模块是对网店最新商品、促销活动等信息进行展示的区域，位于网店导航条的下方，其设计面积比店招和导航条都要大，是顾客进入网店首页中观察的最醒目的区域，下面将对首页的设计规范以及技巧进行讲解。

任务重点与实施

在设计首页欢迎模块之前，必须明确设计的主要内容和主题，根据设计的主题来寻找合适的创意和表现方式，设计之前应当思考这个欢迎模块画面设计的目的，如何让顾客轻松地接受，了解顾客最容易接受的方式是什么。最后还要对同行业、同类型的欢迎模块的设计进行研究，得出结论后才开始着手首页欢迎模块的设计和制作，这样创作出来的作品才更加容易被市场和顾客认可。

1.3.1　设计欢迎模块的具体内容

在进行首页欢迎模块的页面设计时，要将文案梳理清晰，要知道自己表达内容的中心、主题是什么，用于衬托的文字又是哪些。主题文字尽量最大化，让它占整个文字布局画面，可以考虑用英文来衬托主题，背景和主体元素要相呼应，体现出平衡和整合，最好有疏密、粗细、大小的变化，在变化中追求平衡，并体现出层次感，这样做出来的首页整体效果就会比较舒服。

1．图主文辅

在设计首页的欢迎模块时，需要注意图片为主，文案为辅，具体如图 1-29 所示。

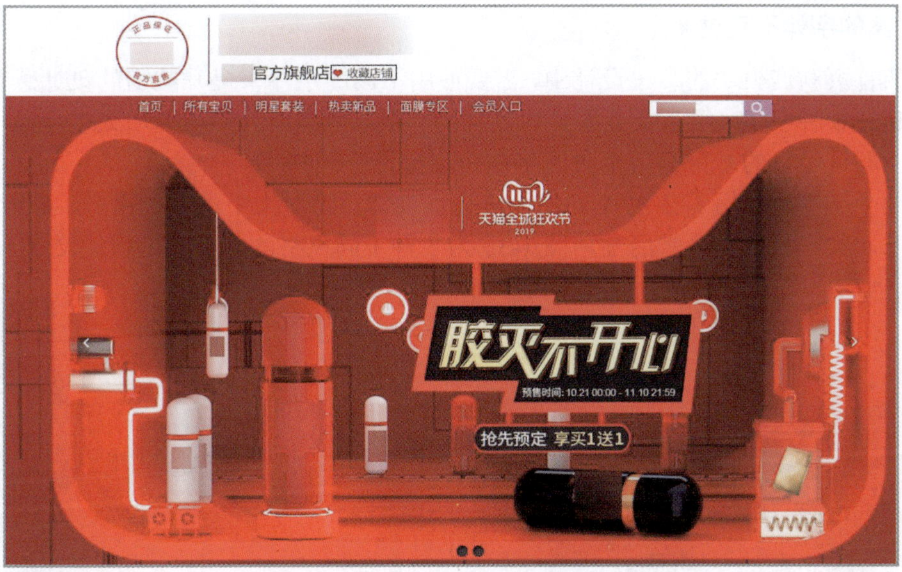

图 1-29　图片为主的首页

欢迎模块一般以图片为主、文案为辅。表达的内容要精练，抓住主要诉求点，内容不可过多。主题字体醒目、正规大气，字体可以考虑使用英文衬托。充分的视觉冲击力，可以通过图像和色彩来实现。

人类天然具有好奇的本能，这类标题专在这点上着力，抓住学生的注意力，在他们寻求答案的过程中不自觉地产生兴趣。如有这样一则眼镜广告，其标题是“救救你的灵魂”，初听之时令人莫明其妙；正文接着便说出一句人所共知的名言：“眼睛是心灵的窗户”。救眼睛便是救心灵，妙在文案人员省去了这个中介，就获得了一种特殊效果。

2．信息元素的间距

在首页欢迎模块设计的页面中主要信息有主标题、副标题、附加内容，设计的时候可以分为 3 段，段间距要大于行间距，上下左右也要有适当的留白。

图 1-30 为首页欢迎模块中文字的表现，可以看到其中文字的间距非常有讲究，能够让顾客非常容易抓住重点，易于其阅读。

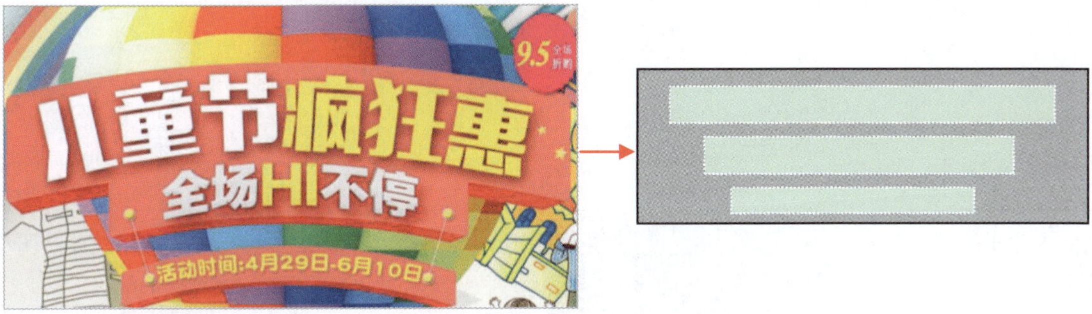

（a）　　　　（b）

图 1-30　文字间距适当的首页

3．文案的字体不宜过多

在网店首页欢迎模块的文案设计中，需要使用不同的字体来提升文本的设计感和阅读感，但是不能超过 3 种字体，很多看上去画面凌乱的首页，就是因为字体使用太多而显得不统一。针对突出主题这个目的，可以用粗大的字体，副标题小一些。

网店的中文字体使用了 3 种不同的风格进行创作，将文案中的主题内容、副标题和说明性文字的主次关系呈现得非常清晰，图 1-31 为 3 种不同风格的首页欢迎模块文字。

（a）

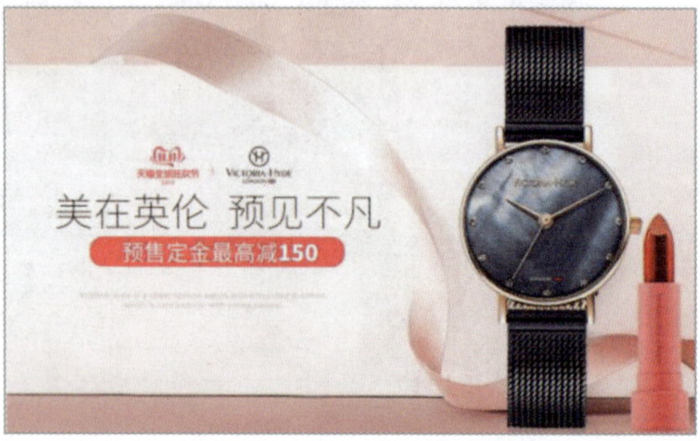

（b）

图 1-31　3 种不同风格的首页欢迎模块文字

4．画面颜色不宜繁多

一张首页欢迎模块画面中，配色是十分关键的，画面的色调会在信息传递到顾客脑海之前营造出一种氛围，尽量不要超过 3 种以上的颜色。在具体的配色中，可以针对重要的文字信息，用高亮醒目的颜色来进行强调和突出。如图 1-32 所示，网店的首页欢迎模块使用了色彩明度较低的颜色来对标题文字进行填充，而背景和商品的色彩明度都偏高，这样清晰的明暗对比度，能够让画面的信息传递更醒目。

（a）

（b）

图 1-32　明暗对比清晰的首页

1.3.2　设计欢迎模块的必备元素

一张优秀的首页欢迎模块页面设计，通常都具备了 3 个元素，那就是合理的背景、优秀的文案和醒目的产品信息。如果设计的欢迎模块的画面看上去不满意，一定是这 3 个方面出了问题，常见的有背景亮度太高或太复杂，如蓝天、白云、草地做背景，很可能会减弱文案及产品主题的体现。如图 1-33 所示的欢迎模块的背景色彩和谐而统一，让整个首页看上去简洁大气。

（a）欢迎模块：文字

（b）欢迎模块：背景

（c）欢迎模块：商品

图 1-33　欢迎模块的必备元素

1.3.3　留白处理增加美感

高端、大气是对设计的要求，可是什么样的设计是大气的呢？如果在设计中发现欢迎模块中需要突出的内容过多，将画面全部占满，此时设计出来的作品会给人拥挤的感觉，让人喘不过气来，如果在设计中进行适当的留白，那么效果就会好很多。

要想大气就要多留白，让顾客在最短的时间内阅读完网店的信息，减轻阅读的负担。适当的留白可以体现出一种宽松自如的态度，让顾客的想象力自由发挥，如图 1-34 所示。对欢迎模块中的版式留白进行分析，可以看到适当的留白让画面中的文案更加凸显。留白的区域让画面中的文案突出，减轻阅读的压力，将画面精致、大气的风格非常明显地表现了出来，让整个版式显得错落有致。

图 1-34　适当留白的欢迎模块

任务 4　网店设计的排版布局

任务概述

在网店的装修设计中，图片是除了文字外的另一个重要的传递信息途径，也是网络销售和微营销中最需要重点设计的一个设计元素。网店中的商品图片不但是其装修画面中的一个重要组成部分，而且它比文字的表现力更直接、更快捷、更形象、更有效，可以让商品的信息传递更简洁。

任务重点与实施

1.4.1　字体决定网店风格

当登录一个网店首页的时候，是否会有意或者无意地留意到属于这个网店的特定的字体设计或者使用，从而直接影响对这个网店最直观的感受，如精致、优雅、科幻、古典，或者是觉得粗糙难看呢？

字体风格多变，如何利用文字进行有效的设计与运用，是把握字体更改最为关键的问题。当对文字的风格与表现手法有了详尽的了解后，便能有助于设计者进行字体设计。在网店装修中，常见的字体风格有线型、规整型、书法型、手写型等，不同的字体可以表现出不同的风格。

1．线型字体

线型字体是指文字的笔画每个部分的宽窄都相当，表现出一种简洁、明快的感觉，在网店装修设计中较为常用，常用的线型字体有“方正大黑简体”“黑体”等，如图 1-35 所示。图中的线型字体与纤细的线条来修饰画面中的矩形，呈现出文字精致、简单的视觉效果，两者风格一直，很容易给人留下清爽的印象。

图 1-35　线型字体

2．规整型字体

标准、整齐外形的字体能够准确、直观地传递出商品或者网店的信息，同时也可以给人一种规整的感觉，在淘宝网店的版面构成中，利用规整字体间的排列间隔，结合不同长短的文字可以很好地表现出画面的节奏感，给人大气、端正的印象，如图 1-36 所示。

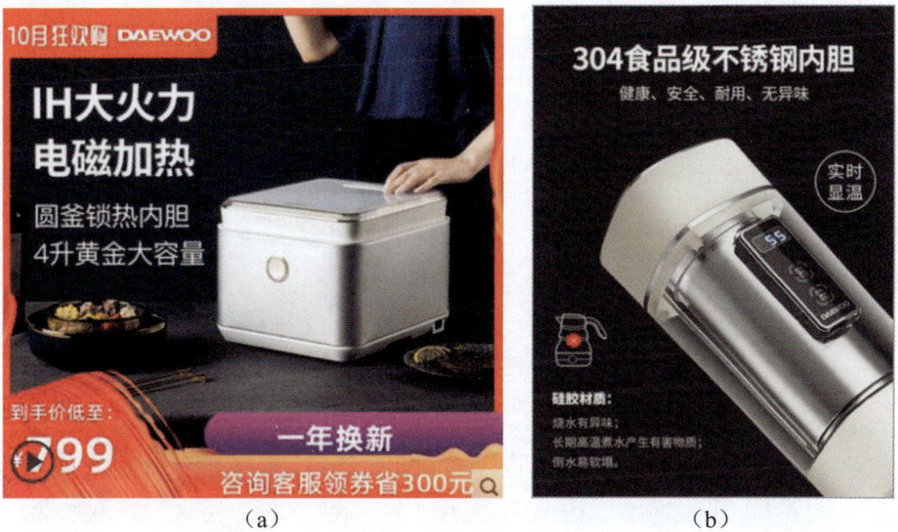

（a）　　　　　　　　　　（b）

图 1-36　规整型字体

在商品的详情页面中，使用工整的文字对细节进行说明，让画面信息传递更准确、及时，同时也让画面显得饱满。

3．手写型字体

手写型字体是一种使用硬笔或者软笔纯手工写出来的文字，手写型字体文字代表了我国汉字文化的精髓。这种手写型字体，其文字大小不一、形态各异，在计算机字库中很难实现错落有致的效果。手写型字体的形式因人而异，带有较为强烈的个人风格。

在网店中使用手写型字体，可以表现出一种不可模仿的随意和不受局限的自由性，有时为了迎合画面整个的设计风格，适当地使用手写型字体，可以让网店的风格表现更加淋漓尽致。随意的手写型字体表现出画面原汁原味的自然风情，如图 1-37 所示。

（a）　　　　（b）

图 1-37　手写型字体

4．书法型字体

书法型字体包括行书字体、草书字体、隶书字体、燕书字体、篆书字体和楷书字体 6 大类，在每一大类中又细分若干小的门类，如篆书又分大篆、小篆，楷书又有魏碑、唐楷之分，草书又有章草、今草、狂草之分，如图 1-38 所示。

图 1-38　书法型字体

书法型字体是我国独有的一种传统艺术，字体外形自由、流畅，且富有变化，笔画间会显示出洒脱和力道，是一种传神的精神境界。在网店装修的过程中，为了迎合活动的主题，或者是配合商品的风格，很多时候会使用书法型字体，可以让画面中文字的外形设计感增强，表现出独特的韵味。

1.4.2　文字编排准则要求

为了让网店的画面布局变得更有条理，同时提高整体内容的表述力，从而利于顾客进行有效的阅读以及接收其主题信息，在装修中还需要考虑整体编排的规整型，并适当加入带有装饰性的设计元素，用来提升画面美感，让文字编排更加具有设计感。

要做到这些要求，就必须深入了解网店的文字编排规则，即文字描述必须符合版面主题的要求、段落排列的易读性以及整齐布局的审美性。

▶ 专家指点

在装修中考虑整体编排的规整型，在加入适当的装饰性元素时，要注意整体的排版样式，不能太突兀。以提升画面美感为选择元素的指标，减少累赘，让文字编排更加具有设计感。

1．准确传达信息

在网店装修设计中，文字编排不但要达到主题内容的要求，其整体排列风格还必须符合设计对象的形象，才能保证版面文字能够准确无误地传达出信息，如图 1-39 所示。

（a）　　（b）

图 1-39　准确传达出信息的设计

在商品详情页面中，使用简洁的词组来对商品的功能特点进行介绍，让词组与图片产生关联性，同时利用文字的准确描述来提高顾客对商品的认识和理解。

2．增强文字的易读性

在网店的文字编排设计中，易读性是指通过特定的排列方式使文字能带给顾客更好的阅读体验，让顾客阅读起来更加流畅。在实际的网店装修过程中，可以通过宽松的文字间隔、设置大号字体、多种不同字体进行对比阅读等方式，让段落文字之间产生一定的差异，使得文字信息主次清晰，增强文字的易读性，让顾客更快地抓住网店或商品的重点信息，如图 1-40 所示。

图 1-40　易读性高的设计

图中的商品详情页面设计中，设计者可以将版面中的部分文字设定为大号字体，并配以适当的间距，同时使用修饰元素对文字的信息进行分割，使得他们的阅读性得到提高，同时让顾客便于掌握重要信息。

3．提高页面的审美性

对网店来说，页面的美感是所有设计工作中必不可缺的重要因素。整齐布局的审美性就是指通过事物的美感来吸引顾客，使其对画面中的信息和商品产生兴趣。在字体编排方面，设计者可以对字体本身添加一些带有艺术性的设计元素，以从结构上增添它的美感，如图 1-41 所示。

图 1-41　具有美感的首页

图中的网店店招设计中，利用色彩之间的设计和位置的巧妙安排，通过添加一些清新的元素，并将其与单一的文字组合在一起，增强其趣味性，同时也提升了整个文字的艺术性。

1.4.3　文字的分割方式

在网店的装修设计中，运用合理的文字分割方式，可以对图文进行合理的规划，并使它们之间的关系得到有效协调，从而把握好商品或者模特图片与文字的搭配。根据切割走向的不同，可以将文字的编排手法划分为垂直和水平分割两种方式。

1．垂直分割

垂直分割包括左图右文和左文右图两种类型。

（1）左图右文：通过垂直切割将版面分列成左右两个部分，把商品或模特图片文字分别排列在版面的左边与右边，从而形成左图右文的排列形式，使版面产生由左至右的视觉流程，符合人们的阅读习惯，在结构上可以给顾客带来顺遂、流畅的感觉，如图 1-42 所示。

图中为促销方案的页面设计，将图文分别以左右的形式排列在画面中，依次形成由左至右的阅读顺序。该排列方式不仅迎合了顾客的阅读习惯，同时还增强了商品和文字在版面上的共存性

图 1-42　左图右文

（2）左文右图：该分割方式与左图右文相反，而是将文字放在画面的左侧，把商品或者模特的图片放在右侧，如图 1-43 所示，左文右图的分割方式可以借助图片的吸引力，使画面产生由右至左的视觉效果，与人们的阅读喜好恰好相反，可以在视觉上给顾客带来一种新奇的感觉，也是网店装修的首页海报中常用的一种方式。

图中是某食品网店首页的欢迎模块的设计效果，设计者利用左文右图的排列方式，打破了人们常规的阅读习惯，从而在视觉上形成奇特的布局样式，容易给顾客留下深刻的印象

图 1-43　左文右图

2．水平分割

水平分割主要包括上图下文和上文下图两种类型。

（1）上图下文：将画面进行水平分割，分别将图片与文字置于画面的上端与下端，从而构成上图下文的编排方式，可以从形式上增强它们之间的关联性，同时借助特殊的排列位置，还能增强文字整体给人的视觉带来的安稳、可靠的感受，从而增强顾客对版面信息的信赖度，如图 1-44 所示。

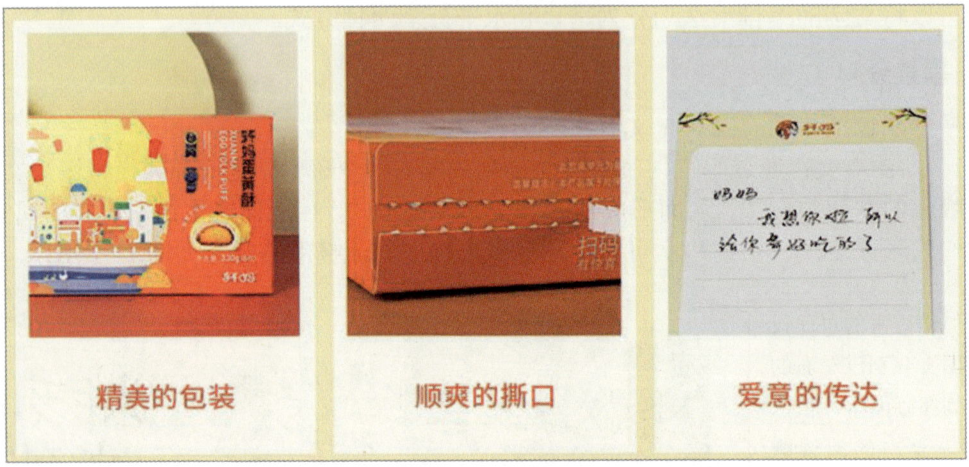

图 1-44　上图下文

> **▶ 专家指点**
>
> 在店面的页面设计中，需要注重文字与图片两者之间的编排，不同的分割方式能给画面带来不同的效果。

（2）上文下图：在文字的编排中，通过水平切割将画面划分成上下两个部分，同时将文字与图片分别排列在视图的上部和下部，从而构成上文下图的排列方式，可以使视觉形象变得更为沉稳，给人带来一种上升感，增强了版面整体的表现力，如图 1-45 所示。

在展示多种商品的编排中，基本都是使用上图下文的编排方式进行设计的。图中的商品是使用上图下文的方式进行编排，以突出图片信息在视觉上的直观性，同时将文字与图片上下对应在一起，使商品文字与图片之间的空间关联得到加强

图 1-45　上文下图

1.4.4　页面版式的设计原则

在一个完整的网店布局中，通常包括这些元素：店招、促销栏（公告、推荐）、产品分类导航、签名、产品描述、计数器、挂件、欢迎及欢送图片、商家在线时间、联系方式等，这些元素的布局没有固定的章法可循，主要靠设计师的灵活运用与搭配。

只有在大量的设计实践中熟练运用，才能真正理解版式布局设计的形式原则，并善于运用，从而创作出优秀的网店装修作品。

1．对称与均衡

对称又称“均齐”，是在统一中求变化；平衡则侧重在变化中求统一。对称的图形具有单纯、简洁的美感，以及静态的安定感，给人以稳定、沉静、端庄、大方的感觉，产生秩序、理性、高贵、静穆之美。对称的形态在视觉上有安定、自然、均匀、协调、整齐、典雅、庄重、完美的朴素美感，符合人们通常的视觉习惯。

均衡的形态设计让人产生视觉与心理上的完美、宁静、和谐之感。静态平衡的格局大致是由对称与均衡的形式构成的。均衡结构是一种自由稳定的结构形式，一个画面的均衡是指画面的上与下、左与右取得面积、色彩、重量等的大体平衡。

在画面上，对称与均衡产生的视觉效果是不同的，前者端庄静穆，有统一感、格律感，但如过分均等就易显呆板；后者生动活泼，有运动感，但有时因变化过强而易失衡。因此，在设计中要注意把对称、均衡两种形式有机地结合起来，灵活运用，如图 1-46 所示。

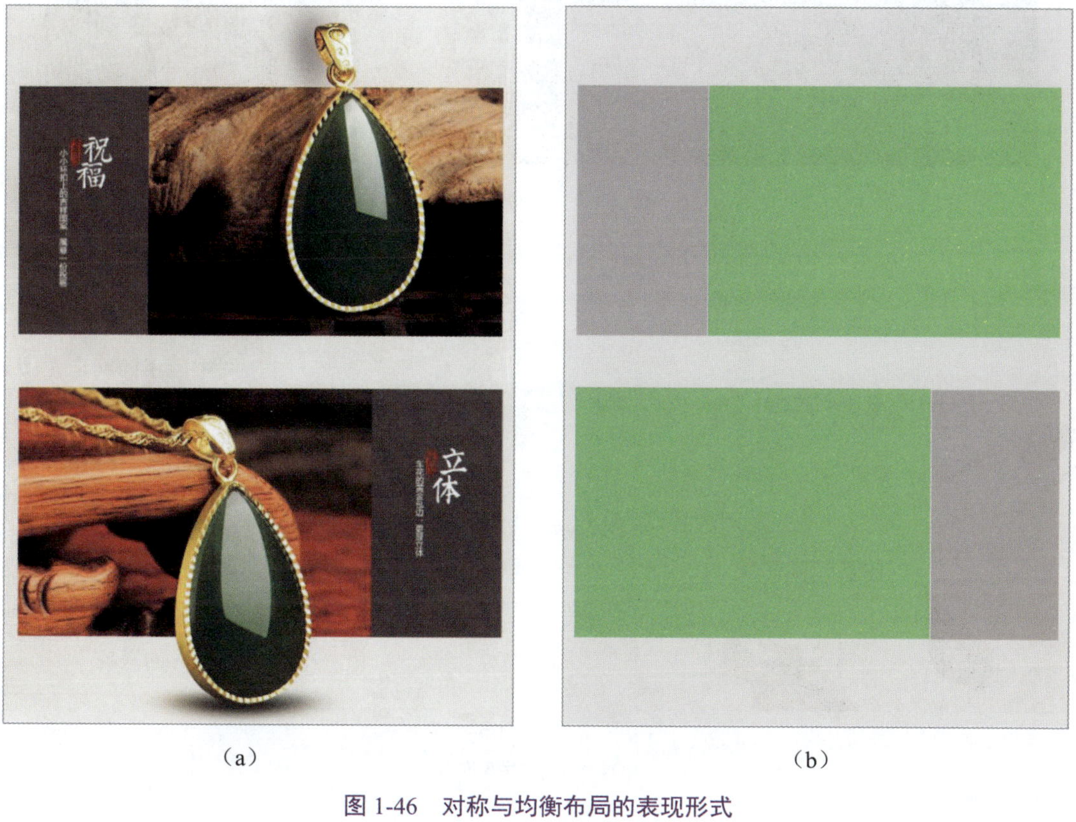

（a）　　　　（b）

图 1-46　对称与均衡布局的表现形式

> **▶ 专家指点**
>
> 对称与均衡是一切设计艺术最为普遍的表现形式之一。对称构成的造型要素具有稳定感、庄重感和整齐的美感，对称属于规则式的均衡的范畴；均衡也称平衡，它不受中轴线和中心点的限制，没有对称的结构，但有对称的中心，主要是指自然式均衡。在设计中，均衡不等于均等，而是根据景观要素的材质、色彩、大小、数量等来判断视觉上的平衡，这种平衡给视觉带来的是和谐。对称与均衡是把无序的、复杂的形态组构成秩序性的、视觉均衡的形式美。

常用的版式布局的对齐方式有左对齐、右对齐、居中对齐和组合对齐，具体的特点如下。

（1）左对齐：左对齐的排列方式有松有紧，有虚有实，具有节奏感，如图 1-47 所示的网店装修设计图，其文字与设计元素都使用左对齐的方式，让版面整体具有很强的节奏感。

图 1-47　左对齐布局

（2）右对齐：右对齐的排列方式与左对齐刚好相反，具有很强的视觉性，适合表现一些特殊的画面效果，如图 1-48 所示。

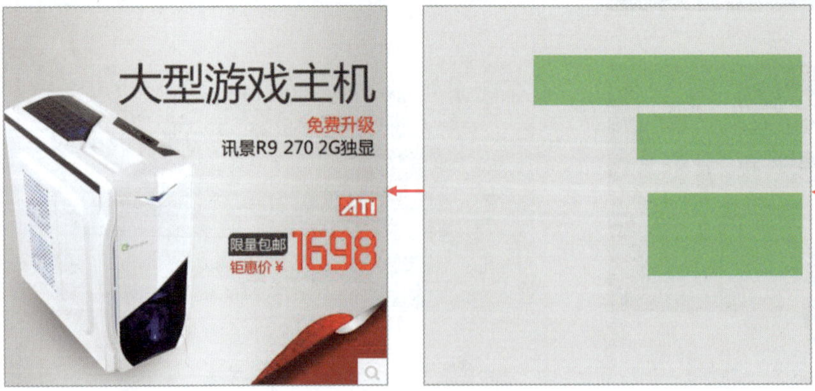

（a）　（b）

> 图中所示的网店主图装修设计效果，其文字与设计元素都使用右对齐的方式，整个画面的视觉中心向右偏移，让人们的阅读产生新鲜感，显得新颖有趣，可以提高顾客的兴趣

图 1-48　右对齐布局

（3）居中对齐：居中对齐的排列方式是指让设计元素以中心轴线对齐的方式，可以让顾客视线更加集中、突出，具有庄重、优雅的感觉，如图 1-49 所示的网店促销方案装修设计图，其文字与设计元素都使用居中对齐的方式，给人带来视觉上的平衡感。

图 1-49　居中对齐布局

2．节奏与韵律

韵律是在节奏基础上形成的，但又比节奏的变化丰富。节奏是有规律的简单重复，而韵律则是有变化的重复，正是这种变化使韵律成为一种富有感情色彩的节奏。对于版面来说，只有在组织上符合某种规律并具有一定的节奏感，才能形成某种韵律。

在网店的装修设计中，合理运用节奏与韵律，就能将复杂的信息以轻松、优雅的形式表现出来。

3．对比和调和

从文字内容分析，对比与调和是一对充满矛盾的综合体，但它们实质上却又是相辅相成的统一体。在网店的装修设计中，画面中的各种设计元素都存在着相互对比的关系，但为了找到视觉和心理上的平衡，设计师往往会在不断的对比中寻求能够相互协调的因素，让画面同时具备变数与和谐的审美情趣。

（1）对比：对比是差异性的强调。对比的因素存在于相同或相异的性质之间，也就是把相对的两要素互相比较之下，产生大小、明暗、黑白、强弱、粗细、疏密、高低、远近、动静、轻重等对比。对比的最基本要素是显示主从关系和统一变化的效果。

（2）调和：调和是指适合、舒适、安定、统一，是近似性的强调，使两者或两者以上的要素相互具有共性，对比与调和是相辅相成的。

4．重复与交错

在网店的版面布局中，不断重复使用相同的基本形或线，它们的形状、大小、方向都是相同的。重复使设计产生安定、整齐、规律的统一，如图 1-50 所示。

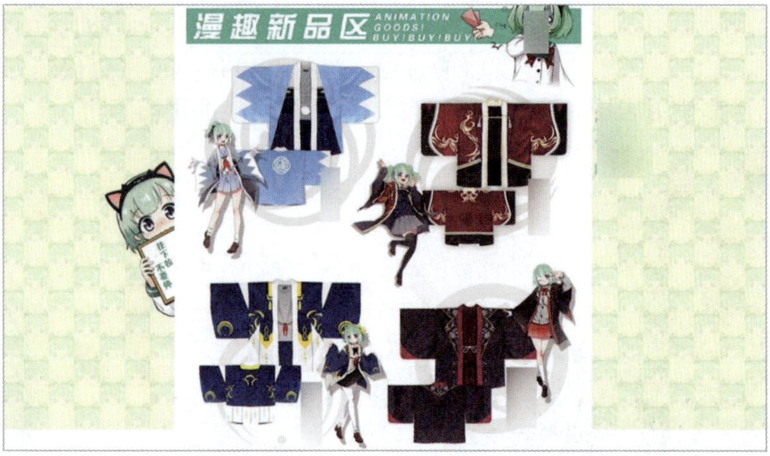

图 1-50　重复布局的表现形式

但重复构成后的视觉感受有时容易形成呆板、平淡、缺乏趣味性的变化。因此，在版面中可安排一些交错与重叠，打破版面呆板、平淡的格局，如图 1-51 所示。

图 1-51　交错布局的表现形式

5．虚实与留白

虚实与留白是网店的版面设计中重要的视觉传达手段，主要用于为版面增添灵气和制造空间感。两者都是采用对比与衬托的方式将版面中的主体部分烘托而出，使版面结构主次更加清晰，同时也能使版面更具层次感，如图 1-52 所示。

在商品的描述页面中，将商品细节以曲线的方式排列在画面的左下方，右上方则利用背景图片进行修饰，在画面中表现出明显的轻重感，让顾客的注意力被左下方的信息所吸引，给人留下深刻的印象。

任何形体都具有一定的实体空间，而在形体之外或形体背后呈现的细弱或朦胧的文字、图形和色彩就是虚的空间。实体空间与虚的空间之间没有绝对的分界，画面中每一个形体在占据一定的实体空间后，常常会需要利用一定的虚的空间来获得视觉上的动态与扩张感。版面虚实相生，使主体得以强调、画面更具连贯性。

（a）

（b）

图 1-52　虚实与留白布局的表现形式

我国传统美学上有“计白守黑”这一说法。就是指编排的内容是“黑”，也就是实体，斤斤计较的却是虚实的“白”，也可为细弱的文字、图形或色彩，这要根据内容而定。留白则是版面未放置任何图文的空间，它是“虚”的特殊表现手法。其形式、大小、比例决定着版面的质量。留白的感觉是一种轻松，最大的作用是引人注意。在排版设计中要巧妙地留白，讲究空白之美，是为了更好地衬托主题、集中视线和呈现版面的空间层次。

▶ 专家指点

网店装修设计的整体思路如下。

网店装修目标： 做一个客户喜欢、值得信赖的网店。

指导思想： 从客户的角度来装修网店。

实现方法： 使网店中的布局、色调、产品图片、产品描述、公司介绍等任何一个细节都体现专业化、人性化。

1.4.5　网店画面的背景处理

在网店的装修设计中，图片是除了文字外的另一个重要的传递信息途径，也是网络销售和微营销中最需要重点设计的一个设计元素。网店中的商品图片不但是其装修画面中的一个重要组成部分，而且它比文字的表现力更直接、更快捷、更形象、更有效，可以让商品的信息传递更简洁。

1．裁剪抠图，提炼精华

在网店装修设计中，大部分的商品图片都是摄影师拍摄的照片，在表现形式上大都是固定不变的，或者是内容上只有一部分符合装修需要，此时就需要裁剪图片或者进行抠图处理，使它们符合版面设计的需求，如图 1-53 所示。

（a）

（b）

图 1-53 抠图并重新布局商品图片

将手表从繁杂的背景中抠取出来，以直观、直接的方式呈现，让顾客能够一目了然，对商品的展示具有非常积极的作用，也让商品的外形、特点更加醒目，避免过多的信息影响顾客的阅读体验。

2．缩放图片，组合布局

对于同一种商品照片的布局设计来说，如果进行不同比例的缩放，也会获得不同的视觉效果，从而凸显出不同的重点，如图 1-54 所示。

图 1-54 缩放图片进行组合布局

> ▶ 专家指点
>
> 通过将实物商品放置在画面中，并将周围留白，使画面具有一种真实的氛围感，这样也让版面具有很强的空间感。

将图片进行缩放，展示出商品的细节，让顾客对商品的材质了解更清晰，真实地还原商品的质感，更容易获得顾客的认可，给人逼真的触感。在处理图片的过程中，通过实拍照片展示商品的整体效果，凸显出商品的外形特点，让顾客对商品的注意力更加集中。

需要注意的是，网店装修设计与普通的网页设计不同，它需要重点展示的是商品本身。因此，在某些设计的过程中，适当对商品以外的图像进行遮盖，可以让商品的特点得以凸显，获得顾客更多的关注，如图 1-55 所示。

（a）　　　　　　（b）

图 1-55　对商品以外的图像进行遮盖以突出商品

画面中心的商品造型在粉色留白背景中显得轮廓清晰而醒目，利用光影的强弱对比，使得主体商品突出又富有立体感。

项目小结

本项目首先介绍了对于色彩的运用；其次介绍了店招的相关设计原理；再次介绍了欢迎模块的设计方法；最后介绍了网店设计排版布局技巧。通过本项目的学习，学生能了解色彩的理论知识，能够利用店招、欢迎模块等对网店进行精心布局，掌握网店设计排版的布局技巧，打造出一个具有独家特色、吸引眼球的网店。

项目习题

一、选择题

1. 色相这一术语将色彩区分为（　　）等类别。

A. 红色、黄色、蓝色　　B. 红色、青色、蓝色

C. 红色、黄色、绿色　　D. 红色、绿色、蓝色

2．红色和绿色在色相环里属于（　　）。

A．近似色　　B．互补色　　C．对比色　　D．同类色

3．公园环境和曲径通幽的小巷不适合拍摄（　　）。

A．民族服装　　B．改良中装　　C．时尚的服装　　D．汉服和唐服

4．在色彩的选择中，恰当的（　　）可以产生光感、明快感、清晰感，使画面展现得更加美观。

A．纯度对比　　B．明度对比　　C．冷暖色对比　　D．色彩面积对比

5．字体编排设计的两种基本特性是（　　）和功能性。

A．思维性　　B．艺术性　　C．关联性　　D．独特性

二、填空题

1．色彩的 3 大基本要素分别为________、________和_________。

2．网店的店招按照状态可以分为________和_________。

3．优秀的首页欢迎模块页面设计通常都具备的 3 个元素分别为_________________、_________________和_________________。

4．字体设计需要考虑人们的阅读习惯，水平方向上人们的视线一般是从_________流动。

项目 2　网店装修设计技巧

项目概述

Photoshop 在淘宝天猫网店领域的应用形式越来越多样化，并深入生活的各个细节中。因此，了解淘宝天猫网店装修不仅要从 Photoshop 基本知识入手，还应该深入地去挖掘其市场的应用及发展。本项目将对网店装修的基本理论内容进行讲解，为后面的学习奠定扎实的基础。

知识目标

- 掌握网店装修的相关知识。
- 熟练使用网店的装修设计技巧。
- 清楚网店装修的注意事项和误区。

素质目标

- 培养学生精益求精的工匠精神，使其具备良好的团队协作能力。
- 培养学生主动学习、积极探索的习惯和坚持不懈的精神。

任务 1　网店装修知识

任务概述

网店装修是网店运营中的重要一环，网店设计的好坏，直接影响顾客对于网店的最初印象。首页、详情页面等设计得美观、丰富，顾客才会有兴趣继续了解产品，被详情页面的描述打动了，才会产生购买欲望并下单。

网店装修实际上就是通过整体的设计，将网店中各个区域的图像进行美化，利用链接的方式对网页中的信息进行扩展，其具体如图 2-1 所示。

在网店中，网商对网店中的某些模块位置进行了初步的规划，店家只需对每个模块进行精致的设计与美化，让单一的页面呈现出丰富的视觉效果。

图 2-1　网店装修的整体基本规划

图 2-1　（续）

网店是通过一个个单独的网页组合起来的，且每个商品都有一个单独的详情页面，这些页面都是需要美化与修饰的，需要加入大量的图片和文字信息，通过让顾客掌握这些信息来达成交易，而网店的装修就是对网店中商品的图片、文字等内容进行艺术化的设计与编排，使其呈现出美的视觉效果。

TASK 任务重点与实施

2.1.1　展示商品的要点信息

对于实体网店来说，形象设计能使外在形象保持长期发展，为商品塑造更加完美的形象，加深消费者对企业的印象，如图 2-2 所示。

图 2-2　精美的实体网店设计

同样，网店的装修设计也可以起到一个品牌识别的作用。建立一个网上网店，也需要设定出自己网店的名称、独具特色的 LOGO 和区别于其他网店的色调与装修视觉风格。

如图 2-3 所示，在该网店首页的装修图片中可以提取出很多重要信息——网店的店标、店招、配色风格等。

图 2-3　精美的网上网店设计

2.1.2　详细介绍商品情况

在网店装修的页面中，首页中消费者能够获得的信息有限，鉴于网络营销的特点，网商都为单个商品的展现提供了单独的平台，即商品详情页面。

商品详情页面的装修成功与否，直接影响到商品的销售和转换率，顾客往往是因为直观的、权威的信息而产生购买的欲望，所以必要的、有效的、丰富的商品信息的组合和编排，能够加深顾客对于商品的了解。图 2-4 分别为两组不同的网店装修效果，一组是以平铺直叙的方式呈现商品的信息；而另一组则是通过合理的图片处理和简要的文字说明来表达，通过对比可以发现后者更能打动消费者。

（a）

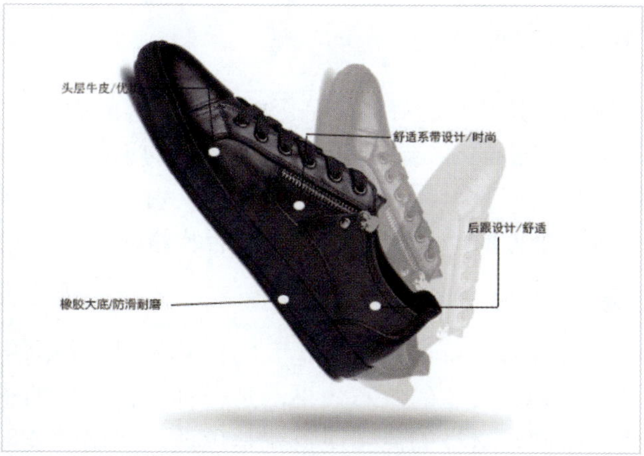

合理的图片处理和简要的文字说明

（b）

图 2-4　不同类型的商品详情页面装修效果

通过对商品的详情页面进行装修，可以让顾客更加直观明了地掌握商品信息，从而决定是否购买该商品。图 2-5 可以从设计的商品详情页面中了解到衣服的材质、透气性等无法触摸的信息。

为了实现营销目标，使用模特和道具拍摄的商品，更能吸引顾客、激发顾客的购买欲望，从而达到销售的目的

精心设计的装修画面让衣服的材质、透气性、面料等特点表现得更为直观

（a）　　（b）

图 2-5　展现商品详情

▶ 专家指点

对于通过电脑和手机购物的消费者来说，其花费在购物上的时间是计入其购物成本当中的。因而卖家需要像实体店一样，增加一个虚拟网店空间的利用率和用户的有效接触，要达到这两个目的，需要做到以下两方面。

➢ 提升网店空间的使用率，让单一的网店能够容纳更多的产品信息，通过装修设计来缩短顾客对于信息的理解时间。

➢ 在产品之间的关联和产品分类的优化上下功夫，从而给予消费者最大的选购空间。

2.1.3　体现商品的重点特色

无论是实体店还是网店，其装修的好坏、是否能吸引顾客的眼球、是否能突出产品特色，都是至关重要的。网店装修风格的确定，涉及了整体运营的思想，在确定装修风格之前，需要认真思考一下自己所销售的产品，最突出的是哪一点。对于店面的风格设定，需要每个店家认真去思考，接下来从两个方面，介绍如何确定网店装修的风格。

1．选定整体的色调

色调是指一幅画中画面色彩的总体倾向，是大的色彩效果。在网店装修中，色调是指店面的总体色彩表现，是网店装修大体的色彩效果，是一种一目了然的感觉。不同颜色的网店装修画面都带有同一色彩倾向，这样的色彩现象就是色调。色调的表现在于给人一种整体的感觉，或突出青春活力，或突出专业销售，或突出童真活泼等。

卖家在选中和确定网店的色调前，可以从网店中销售的商品的色彩入手，也可以从网店装修确定的关键词入手。例如，确定网店销售的商品为时尚男装，则可以选择黑色、灰色等一些纯度和明度较低的色彩来对装修的图片进行配色。

总之，色调的选择必须能够真正体现自己产品的特点、营销的特色，如图 2-6 所示。

图 2-6　选择合适的整体色调

2．详情页面橱窗照

通常情况下，顾客进入一个网店，大都是因为对其中的单个商品感兴趣，而单个商品在众多搜索出来的商品中是以主图的形式，也就是橱窗照的形式进行展示的，如图 2-7 所示。

（a）　　　　　　　　　　　　（b）

图 2-7　橱窗照

商品主图是用来展现产品最真实的一面，而不是用来罗列网店的所有活动的。但是，部分店家却将橱窗照的作用理解错了，比如在橱窗照商品图像以外的空隙处添加“最后一天”“满百包邮”等众多信息，主次不分，给顾客一种凌乱的感觉，不能体现出网店的专业性。

通常，在橱窗照上只需要突出自己产品或是营销的一个点即可，不要加入太多无谓的信息，顾客买东西，是冲着产品去的，而不是冲着“仅此一天啦”“最后一天啦”这些附属的信息去逛网店的，当然，要设置限时购等促销，可以在商品详情页面中进行设计，但是在体现商品形象的橱窗照中，尽量不要添加此类信息。

任务 2　网店装修基本技巧

TASK 任务概述

在网店装修画面中，店面的色调、文字的表现与商品的展示，以及各个模块的合理布局都同等重要，做得好，可以对商品、活动、服务等信息进行及时的说明和指引，并且通过合理的设计和编排，让信息的传递更加准确。本任务将对网店装修中的相关技巧进行讲解。

TASK 任务重点与实施

2.2.1　确定装修风格

无论是实体店还是网店，装修的好坏，能否吸引顾客的眼球、能否突出产品的特色，都是至关重要的。在确定装修风格之前，首先需要认真考虑一下自己所销售的产品和本店实际情况，需要突出的重点是什么。

如果产品的对象是年轻人，那就要在装修上突出青春活力的特点；如果是主打高档路线，在装修上就要给人一种高贵华丽的感觉等。而对于店面的风格设定，就需要每个店家认真地去思考。

2.2.2 体现营销特色

色调即店面的总体体现，是网店装修大致的色彩效果，是一种一目了然的感觉。不同颜色的网店装修画面都带有同一种色彩倾向，那就是色调。色调的表现在于给人一种整体的感觉，或突出青春活力，或突出专业销售，或突出童真活泼等，如图 2-8 所示。

（a）

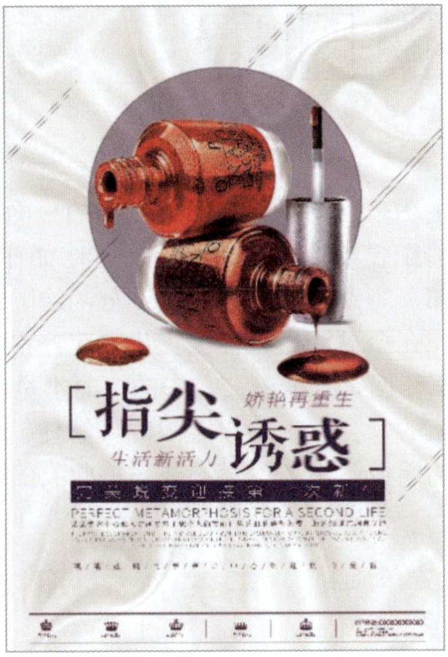

（b）

图 2-8　网店首页展示

如何进行选择和确定网店装修的色调呢？可以从网店中销量最好的产品色彩入手，或者更具网店装修风格的关键词入手，比如确定网店装修的风格为女装时尚，那么就可以选择粉红色、白色等一些明度和纯度较低的色彩来对装修的图片进行配色。红色常用来作为网店首页的背景色，也就是整个画面的色调倾向，它是根据首页陈列的商品色彩进行提炼而得到的。

通过前面的描述可以知道，色调的表现方式主要体现在颜色的选择上面。因为不同的色调肯定有着不同的情感，所以对于自己的店面，应该选择哪种颜色才能真正体现出自己产品的特点和营销的特色呢？这些问题是需要店家或者设计师进行考虑的，店家或者设计师可以根据网店的营销风格，去搭配自己认为应该选择的店面整体色调。

2.2.3　设计美观效果

通常进入一个网店，都是对单个商品感兴趣而进入网店的，而单个商品在众多搜索出来的商品中是以主图，也就是用橱窗照的形式进行展示的，如图 2-9 所示。

图 2-9　详情页面橱窗照

在橱窗照的背景上使用明亮的、色调和谐的溶图，将抠取的商品与背景合并在同一个画面中，再添加上简单的文字和价格，通过色彩上的搭配体现出淡雅的感觉，表现出一定的品质感，让顾客能够一眼看到商品的外形和相关的信息。

2.2.4　展示技术实力

如果是功能性商品，就可以展示能够证明自己技术实力的资料，或者如实展示顾客所关心的商品制作过程，都是增强顾客对商家信任度的方法。如果电视、报纸等新闻媒体曾有所报道，那么收集这些资料展示给顾客看，也是提高顾客购买倾向的好方法，如图 2-10 所示。

图 2-10　微波炉的相关证明展示

2.2.5　定位顾客需求

在网上做买卖，最主要的是如何把自己的商品信息准确地传递给顾客，让顾客光顾自己的网店。图片传递的只是商品的样式和颜色的信息，对于性能、材料、售后服务，买家一概不知，所以这些需要通过文字的描述来告诉买家。

在网上购物，商品描述是决定买家是否购买的一个重要因素，很多卖家也会花费大量的心思在商品描述上，但也有些卖家即便花费了大量的心思，也没收到什么效果，用户的转化率还是不高，原因是什么呢？主要还是商品描述不够详细。用户在介绍商品时，各方面的参数都要详细准确，为顾客提供商品的详细信息，以方便顾客更准确地定位自己的需求，图 2-11 为详细准确的商品信息介绍。

产品参数 /INFORMATION/

产品名称	2015秋冬新款女包 信封小包 单肩包
价格	469
材质	聚氨酯合成革/内里：织物
规格	长：20cm 宽：6cm 高：13cm 重量：300g 肩带垂直高度：56cm 肩带长度：111cm
结构	一个拉链暗层、内置小镜子、4个卡位
容量	不可放入A4纸 不可放入IPAD
颜色	玫瑰金 / 黑色 / 白色
款式	肩包

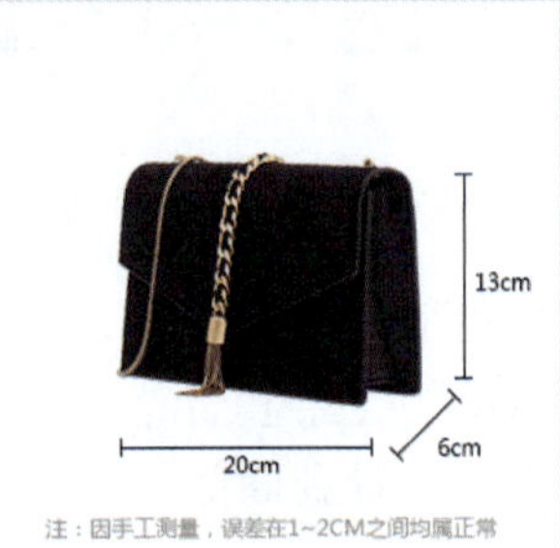

图 2-11　详细准确介绍商品信息

任务 3　网店装修注意事项

任务概述

在网上可以看到很多卖家的网店装修得很漂亮，有些卖家甚至找专业人士装修网店。网店装修中有许多需要注意的事项，本任务主要介绍在网店装修中需要注意的一些重要事项。

任务重点与实施

在设计首页欢迎模块之前，必须明确设计的主要内容和主题，根据设计的主题来寻找合适的创意和表现方式，设计之前应当思考这个欢迎模块画面设计的目的，如何让顾客轻松地接受，了解顾客最容易接受的方式是什么，最后还要对同行业、同类型的欢迎模块的设计进行研究，得出结论后才开始着手首页欢迎模块的设计和制作，这样创作出来的作品才更加容易被市场和顾客认可。

2.3.1　页面设计的灵活性

在网店的页面设计中，与短的页面相比，长页面虽然可以显示很多的商品，但同时也会给顾客一种厌倦的感觉。

为了让顾客在购物的过程中保持一种新鲜感，可以从结构上展示商品与商品搭配的各种照片，与顾客不断地进行交流。再在自己网店中使用顾客喜欢的展示语言和想看的图片，这可以使顾客愉快地下拉滚动条，如图 2-12 所示。

图 2-12　网店页面设计

2.3.2　页面布局的合理性

在网店装修的过程中，各个模块的布局也是影响装修风格的一个重要因素，各个模块的搭配要统一、简洁。

已经给自己的店面做出装修风格设定后，模块之间的相互搭配和组合也是至关重要的。没有顺序的模块叠加，只会给顾客很凌乱的感觉，出现这样的情况，将会流失很多的顾客，如图 2-13 所示。

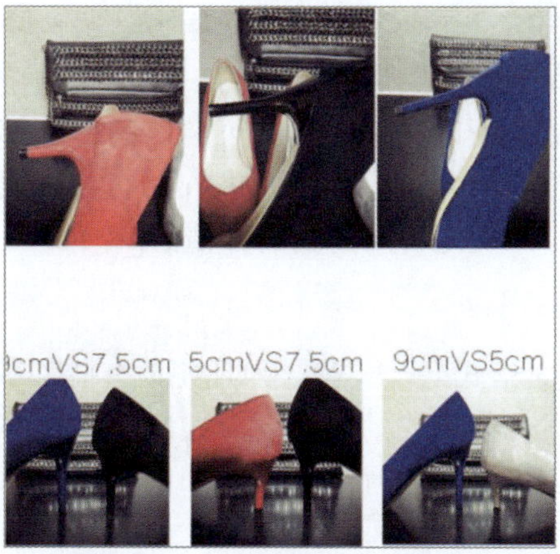

图 2-13　各个模块的合理布局

图 2-13 中使用了阶梯式的方式来对商品进行逐层的显示，由大到小、由上至下丰富商品的内容，让页面的布局更加的灵活，具有一定的韵律感，并通过风格一致的标题栏对商品进行分类，用鲜艳的文字来展示商品的信息，清晰地展现出商品的形象。

简洁大方的店面可以让顾客在网店浏览的时间延长。而对于如何搭配才是最好的，可以从那些很成功的、较大店家的装修布局中借鉴一些经验。从网店的总体布局来讲，模块的整合简洁明了，突出重点，形成一种视觉冲击，这也就是常说的视觉营销。

2.3.3 网店装修存在的误区

在进行网店装修时稍微不小心就进入了装修的误区里面，下面将介绍网店装修过程中常常见到的 6 大误区。

1. 网店名称

有的卖家相信简单就是一种美，店名就取两三个字，殊不知淘宝给卖家 30 个字的编辑限度是很重要的，例如，一家做手机营业厅的网店，刚开始起的名字是“通信在我家”，可是买家在搜索网店关键词的时候，如搜索手机、手机卡都是找不到的。相信很多用户还会利用搜索网店这个方法来对商品进行搜索，因此一定要充分利用好这 30 个字。

2. 图片展示

有些网店的首页装修中，电表、公告以及栏目分类等，全部都使用图片，而且这些图片都很大。虽然图片会代表网店的整体，但是却会使买家浏览的速度很慢，导致买家半天找不到网店的栏目以及重要的公告，这样就会让买家失去等待的耐心，从而造成顾客的流失。

3. 网店风格

有些卖家把网店的色彩搭配得鲜艳亮丽，将界面做得五彩缤纷。无论卖家选择的是哪一种产品风格，图片的基本色调与公告的字体颜色最好与之对应，这样装修出来的网店整体效果才会和谐统一。另外，签名档是一个很好的广告，应重点突出自己的产品特点，统一自己的网店风格，并且要合理地利用好签名档。

4. 页面布局

网店装修的页面布局设计切忌繁杂，不要把网店设计成门户类网站。虽然把网店做成大网站看上去比较有气势，表面上看着网店很有实力，但却影响了买家的使用，不合理或者复杂的布局设计会让人眼花缭乱。所以，不是所有可装修的地方都要装修或者必须装修，局部区域不装修反而效果更好。总而言之，应让买家进入网店首页或者商品详情页面以后，就能顺利找到自己想要的商品信息，快捷看清商品的详情。

5. 背景音乐

背景音乐基本上都是 MP3 格式的，一般都为几兆，有些加载起来速度还是很慢的；有的背景音乐是在浏览宝贝的时候重复播放的，这一点相信很多顾客都会感到厌烦。为了贴近大众和提高网页打开速度，建议不要添加背景音乐，如果一定要添加，建议在醒目的地方提醒买家按【Esc】键就能取消播放。

6．图片水印尺寸

商家为了避免图片侵权的情况出现，通常都会在商品图片上添加自己网店的水印，但是如果不能准确地把握好水印的尺寸，就会削弱商品的表现，形成喧宾夺主的情况。如果图片水印是长条水印或者其他的外形，可以在 Photoshop 中修改图片水印尺寸。

项 目 小 结

本项目首先介绍了网店的装修知识；其次介绍了网店装修的基本技巧；最后介绍了网店装修的注意事项。通过本项目的学习，学生能熟练掌握网店装修的基础知识并灵活地运用这些基础知识，设计出更多漂亮、美观的网店。

项 目 习 题

1．如何把握网店的装修风格？
2．合理安排布局有什么作用？
3．页面布局有哪些误区？

项目 3　网店商品图像的美化

项目概述

Photoshop 软件拥有强大的图片处理功能，使用工具箱中的工具可以简单快速地处理及修补各类商品图像文件。本项目主要向学生介绍网店中各类商品的调色方法和处理技巧。

知识目标

➢ 掌握基础工具使用方法和技巧。
➢ 熟练运用命令调整商品图像的色调。
➢ 熟练运用修饰工具美化商品图像。

素质目标

➢ 提升学生全面思考能力，强化学生逻辑思维。
➢ 培养学生加工处理图片的能力，使图层产生良好的视觉效果和表现力。

任务 1　处理商品图像

任务概述

本任务主要介绍通过运用移动工具、裁剪工具、“旋转”命令、“翻转”命令、“扭曲”命令，以及“透视”命令等基本工具，对网店的商品图像进行美化操作。

任务重点与实施

3.1.1　移动工具

在网店装修中，处理商品图片时经常需要将一个图片素材移动到另一个商品图像中，这就需要用到移动工具。在 Photoshop 软件中，移动工具是最常用的工具之一，不管是移动图层、选区内的商品图像，以及整个图像编辑窗口中的商品图像，还是将其他图像编辑窗口中的商品图像拖入当前商品图像编辑窗口，都要用到移动工具。

移动工具

Step 01　按【Ctrl + O】组合键，打开两幅素材图像（素材\项目 3\书包.jpg、文字.jpg），如图 3-1 所示。

Step 02　在菜单栏中单击“窗口”|“排列”|“平铺”命令，如图 3-2 所示。

图 3-1　打开素材图像

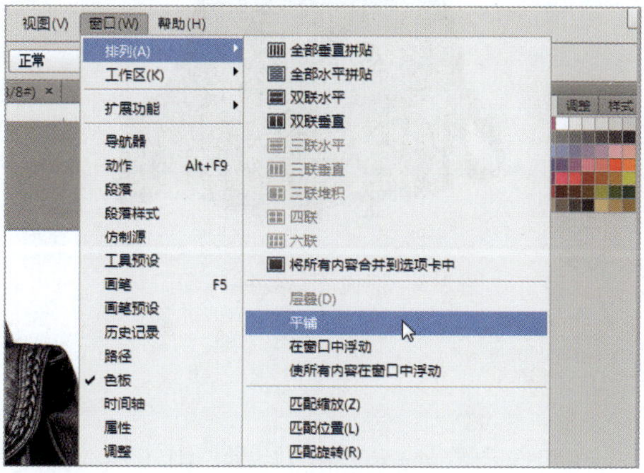

图 3-2　选择菜单栏

Step 03　执行上述操作后，即可平铺显示素材图像，如图 3-3 所示。

Step 04　在工具箱中选取移动工具，将鼠标移至“文字”图像上，如图 3-4 所示。

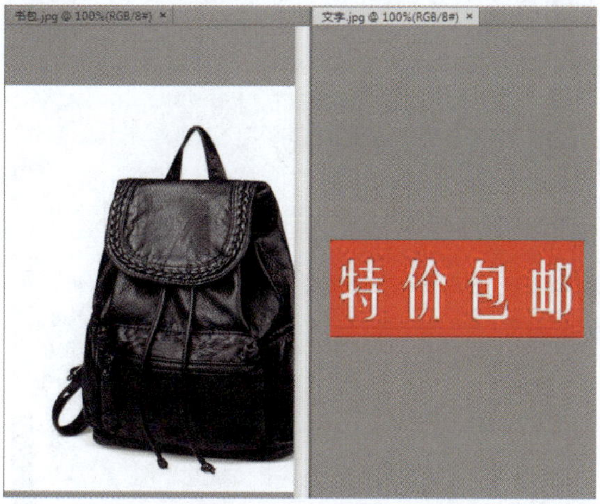

图 3-3　素材图像显示

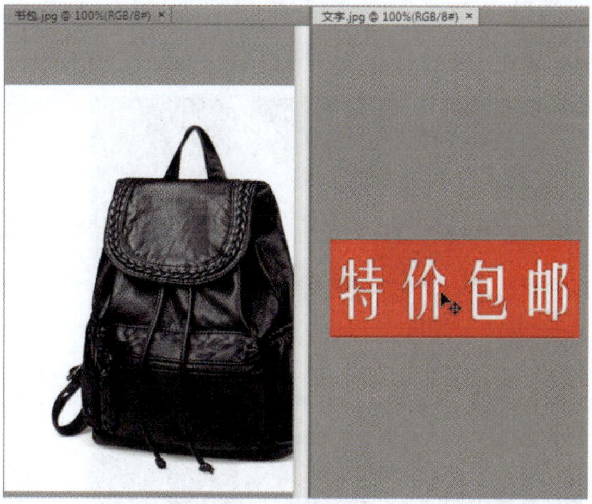

图 3-4　移动图像

Step 05　单击鼠标左键，并拖动鼠标至“书包”图像编辑窗口中，如图 3-5 所示。

Step 06　执行上述操作后，将素材图像移动到合适位置，如图 3-6 所示。

> ▶ 专家指点
>
> 将某个商品图像拖入另一个文档时，按住【Shift】键，可以使拖入的图像位于当前文档的中心。如果这两个文档的大小相同，则拖入的图像就会与当前文档的边界对齐。

图 3-5　拖曳图像到编辑窗口

图 3-6　调整图像位置

3.1.2　裁剪工具

裁剪工具

在网店卖家处理商品图片时，由于拍摄时构图不合理，因此经常需要调整商品在画面中的布局，使商品主体更加突出，此时可以通过裁剪工具来实现。在 Photoshop 软件中，裁剪工具可以对商品图像进行裁剪，重新定义画布的大小。

Step 01　按【Ctrl + O】组合键，打开素材图像（素材\项目 3\狐狸项链.jpg），如图 3-7 所示。

Step 02　选取工具箱中的裁剪工具，如图 3-8 所示。

图 3-7　打开素材图像

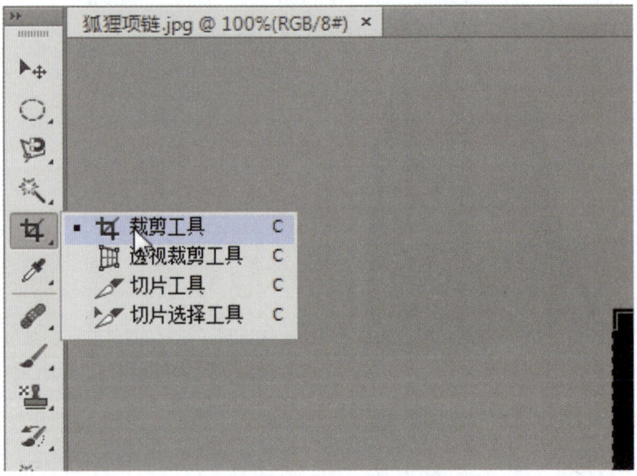

图 3-8　选取裁剪工具

Step 03　此时图像边缘会显示一个裁剪控制框，如图 3-9 所示。

Step 04　移动鼠标至图像边缘，当鼠标呈 ⤡ 形状时拖动鼠标，并在控制框内双击鼠标左键，即可调整裁剪区域大小，如图 3-10 所示。

图 3-9　裁剪控制框显示

图 3-10　调整裁剪区域

Step 05　将鼠标移动至裁剪控制框内，单击鼠标左键的同时拖动鼠标，确认剪裁区域，如图 3-11 所示。

Step 06　按【Enter】键确认，即可完成图像的裁剪操作，如图 3-12 所示。

图 3-11　确认裁剪区域

图 3-12　裁剪操作完成

3.1.3　旋转图像

旋转图像

在拍摄商品时，经常会因为拍摄角度问题导致商品产生倾斜，网店卖家可以通过旋转图像来调整商品角度，将倾斜的商品图像纠正。

Step 01　按【Ctrl + O】组合键，打开素材图像（素材\项目 3\鞋子.jpg），如图 3-13 所示。

Step 02　按【Ctrl + J】组合键拷贝“背景”图层，即可得到“图层 1”图层，展开“图层”面板，单击“背景”图层的“指示图层可见性”图标，即可隐藏“背景”图层，如图 3-14 所示。

图 3-13　打开素材图像

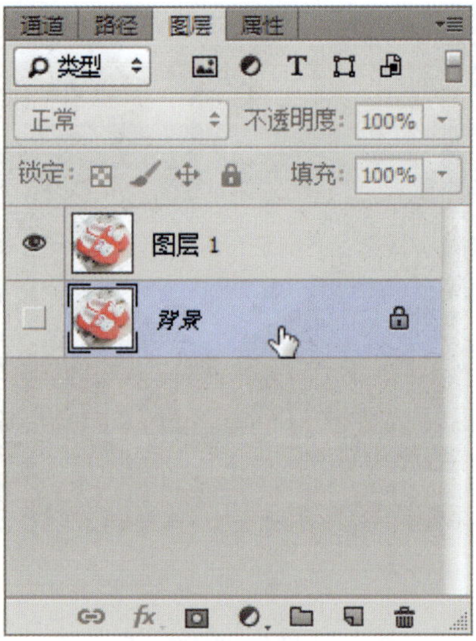

图 3-14　拷贝图层

Step 03　在“图层”面板中选择“图层 1”图层，在菜单栏中单击“编辑”|“变换”|“旋转”命令，如图 3-15 所示。

Step 04　执行上述操作后，即可调出变换控制框，如图 3-16 所示。

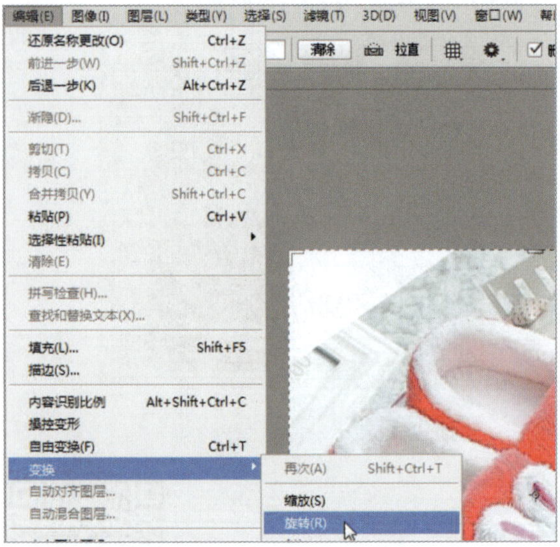

图 3-15　选择“图层 1”

图 3-16　调出变换控制框

Step 05　将鼠标移动至变换控制框外侧，鼠标指针呈↷形状时，单击鼠标左键并拖动鼠标，如图 3-17 所示。

Step 06　将图像旋转至合适角度时释放鼠标，并按【Enter】键确认，即可旋转图像，如图 3-18 所示。

图 3-17 移动鼠标

图 3-18 旋转图像后的成品展示

3.1.4 翻转图像

翻转图像

在 Photoshop 软件中，当用户打开的商品图像出现了颠倒、倾斜时，就可以对商品图像进行翻转操作。

Step 01 按【Ctrl + O】组合键，打开素材图像（素材\项目 3\挂饰.jpg），如图 3-19 所示。

Step 02 按【Ctrl + J】组合键拷贝图层，在菜单栏中单击“编辑”|“变换”|“水平翻转”命令，如图 3-20 所示。

图 3-19 打开素材图像

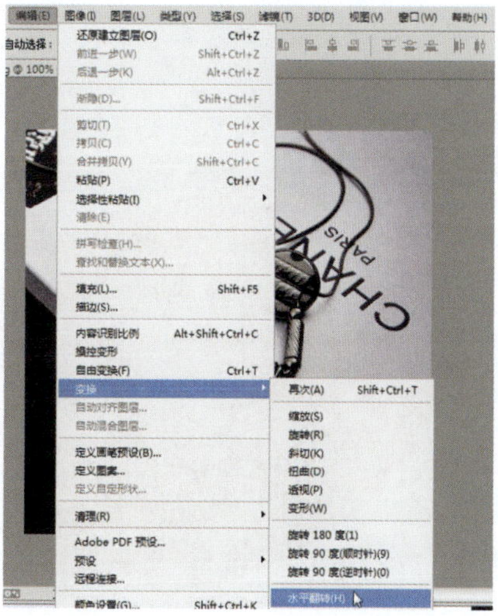

图 3-20 拷贝图层

Step 03 执行上述操作后，即可水平翻转图像，如图 3-21 所示。

Step 04 在菜单栏中单击“编辑”|“变换”|“垂直翻转”命令，即可垂直翻转图像，如图 3-22 所示。

图 3-21　水平翻转图像

图 3-22　垂直翻转图像

3.1.5　扭曲命令

扭曲命令

由于商品拍摄角度的不同，有时商品图像会显示出变形的效果，在 Photoshop 软件中，用户可以根据需要对一些商品图像进行扭曲操作，以还原商品图像。

Step 01　按【Ctrl + O】组合键，打开素材图像（素材\项目 3\粉球.jpg），如图 3-23 所示。

Step 02　在菜单栏中单击“编辑”|“变换”|“扭曲”命令，如图 3-24 所示。

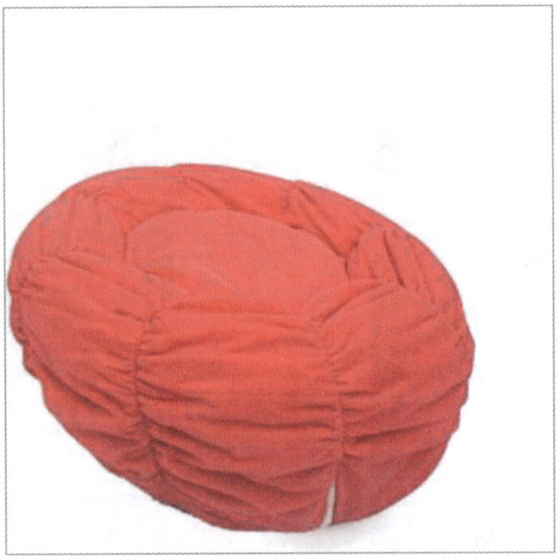

图 3-23　打开素材图像

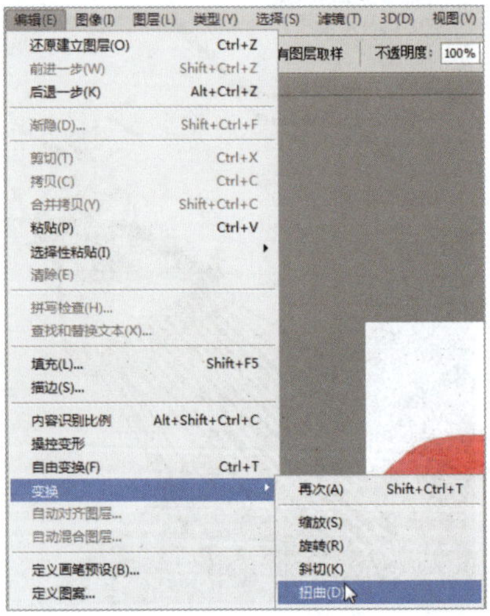

图 3-24　单击“扭曲”命令

Step 03　将鼠标移动至变换控制框的控制柄上，鼠标指针呈白色三角形状时，单击鼠标左键的同时，拖动鼠标至合适位置后释放鼠标左键，在“图层”面板中选择“图层 1”图层，将素材图像移动至合适位置，即可得到最终效果，如图 3-25 所示。

图 3-25 最终效果

3.1.6 透视功能

网店卖家在处理商品图片时，如果需要将平面图变换为透视效果，就可以运用透视功能进行调节。

透视功能

Step 01 按【Ctrl + O】组合键，打开素材图像（素材\项目 3\铅笔.jpg），如图 3-26 所示。

Step 02 在菜单栏中单击“编辑”|“变换”|“透视”命令，如图 3-27 所示。

图 3-26 打开素材图像

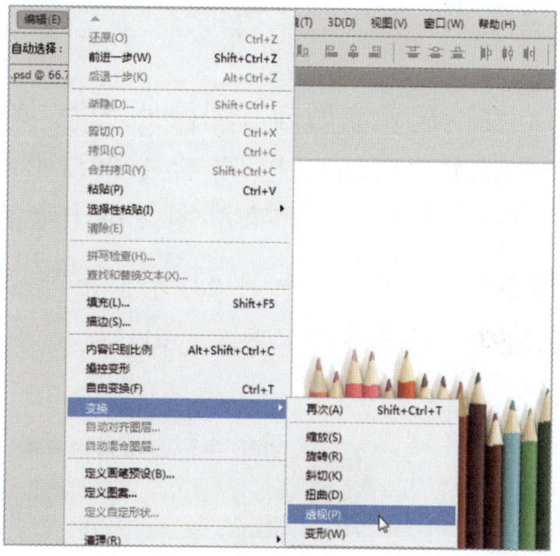

图 3-27 单击“透视”命令

Step 03 将鼠标移动至变换控制框右上方的控制柄上，鼠标指针呈白色三角形状时，单击鼠标左键并拖动，执行上述操作后，再一次对图像进行微调，按【Enter】键确认操作，即可透视图像，如图 3-28 所示。

图 3-28　最终效果

任务 2　商品图像色调

任务概述

商品图像拍摄出来后会一些颜色偏差问题，可以运用 Photoshop 进行商品图像后期处理。

任务重点与实施

3.2.1　“自动对比度”命令

在网店卖家做商品图像处理时，若商品图像色彩层次不够丰富，则可运用“自动对比度”命令来调整商品图像的对比度。下面介绍通过自动对比度调整商品图像对比度的具体操作方法。

“自动对比度”命令

Step 01　单击“文件”|“打开”命令，打开素材图像（素材\项目 3\杯子.jpg），如图 3-29 所示。

Step 02　在菜单栏中单击“图像”|“自动对比度”命令，即可调整图像对比度，效果如图 3-30 所示。

图 3-29　打开素材图像

图 3-30　最终效果

3.2.2　“亮度/对比度”命令

网店卖家在处理商品图像时，由于拍摄光线和拍摄设备本身原因，使商品图像色彩暗沉，这时可通过“亮度/对比度”命令调整商品图像色彩。

“亮度/对比度”命令

下面介绍通过亮度/对比度调整商品图像色彩的具体操作方法。

Step 01　单击“文件”|“打开”命令，打开素材图像（素材\项目 3\船.jpg），如图 3-31 所示。

Step 02　在菜单栏中单击“图像”|“调整”|“亮度/对比度”命令，如图 3-32 所示。

图 3-31　打开素材图像

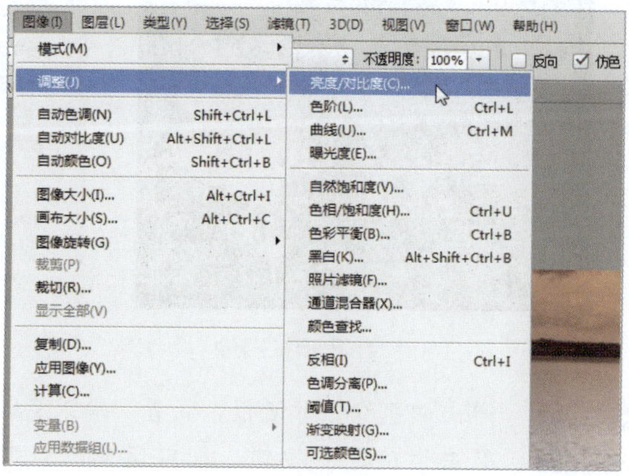

图 3-32　单击“亮度/对比度”命令

Step 03　弹出“亮度/对比度”对话框，设置“亮度”为 30、“对比度”为 25，如图 3-33 所示。

Step 04　单击“确定”按钮，即可调整图像的亮度与对比度，效果如图 3-34 所示。

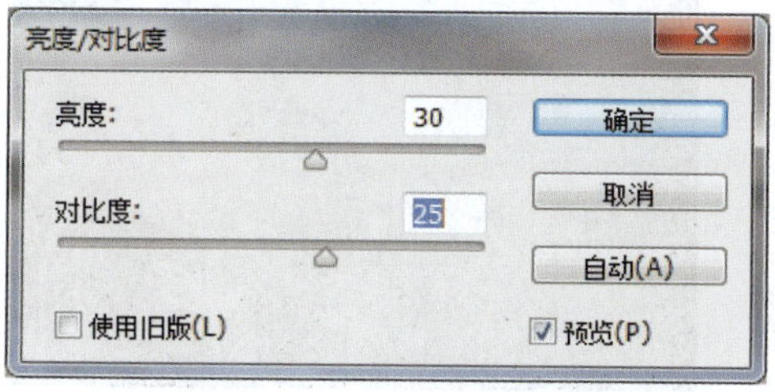

图 3-33　设置参数图

图 3-34　最终效果

3.2.3　“色阶”命令

在网店卖家做商品图像处理时，由于拍摄问题，使商品图像偏暗，这时可以通过“色阶”命令来调整商品图像亮度范围，提高商品图像亮度。

“色阶”命令

下面介绍通过色阶调整商品图像亮度范围的具体操作方法。

Step 01 单击“文件”|“打开”命令，打开素材图像（素材\项目 3\花封面.jpg），如图 3-35 所示。

Step 02 在菜单栏中单击“图像”|“调整”|“色阶”命令，如图 3-36 所示。

图 3-35 打开素材图像

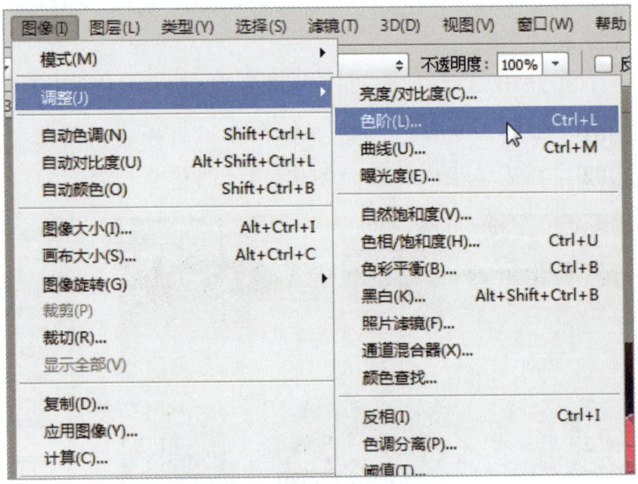

图 3-36 单击“色阶”命令

Step 03 弹出“色阶”对话框，设置“输入色阶”各参数值分别为 0、1.79、255，如图 3-37 所示。

Step 04 单击“确定”按钮，即可运用“色阶”命令调整图像的亮度范围，其图像显示效果如图 3-38 所示。

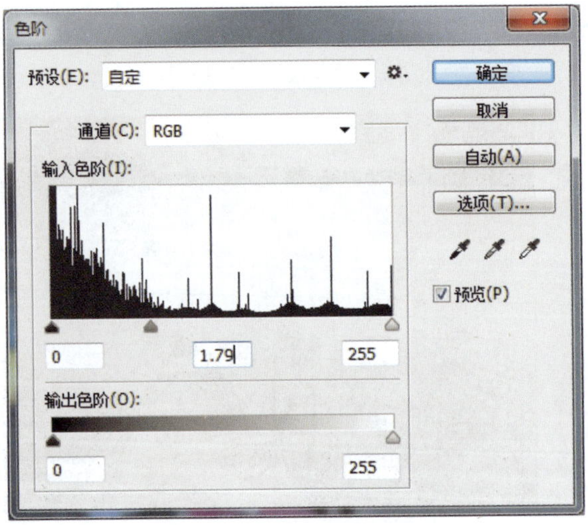

图 3-37 设置参数

图 3-38 最终效果

3.2.4 “曲线”命令

网店卖家在处理商品图像时，由于光线影响，使拍摄的商品图像色调偏暗，这时可通过“曲线”命令调整商品图像色调。

“曲线”命令

下面介绍通过曲线调整商品图像色调的具体操作方法。

Step 01　单击“文件”|“打开”命令，打开素材图像（素材\项目 3\卧室.jpg），如图 3-39 所示。

Step 02　在菜单栏中单击“图像”|“调整”|“曲线”命令，如图 3-40 所示。

图 3-39　打开素材图像

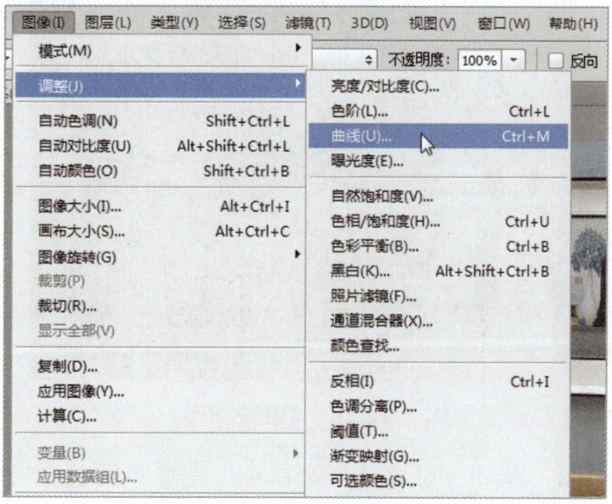

图 3-40　单击“曲线”命令

Step 03　执行上述操作后，即可弹出“曲线”对话框，在网格中单击鼠标左键，建立曲线编辑点后，设置“输出”和“输入”值分别为 155、115，如图 3-41 所示。

Step 04　单击“确定”按钮，即可调整图像的整体色调，此时图像编辑窗口中的图像效果如图 3-42 所示。

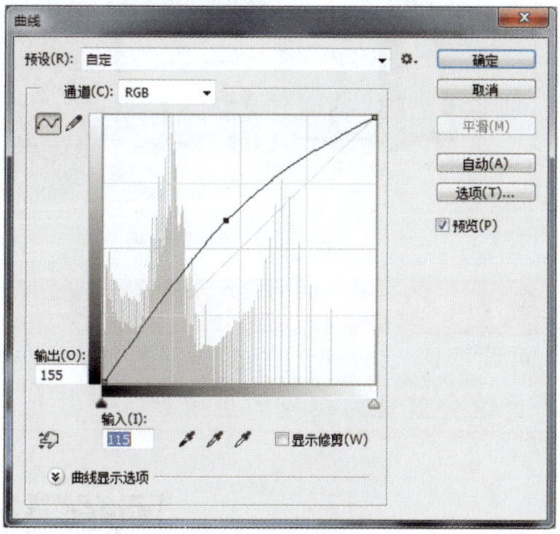

图 3-41　设置参数

图 3-42　最终效果

3.2.5　“曝光度”命令

在商品拍摄过程中，经常会因为曝光过度而导致图像偏白，或因为曝光不足而导致图像偏暗，此时可以通过“曝光度”命令来调整图像的曝光度，使图像曝光达到正常。

“曝光度”命令

下面介绍通过曝光度调整商品图像的具体操作方法。

Step 01 单击“文件”|“打开”命令，打开素材图像（素材\项目 3\沙发.jpg），如图 3-43 所示。

Step 02 在菜单栏中单击“图像”|“调整”|“曝光度”命令，如图 3-44 所示。

图 3-43 打开素材图像

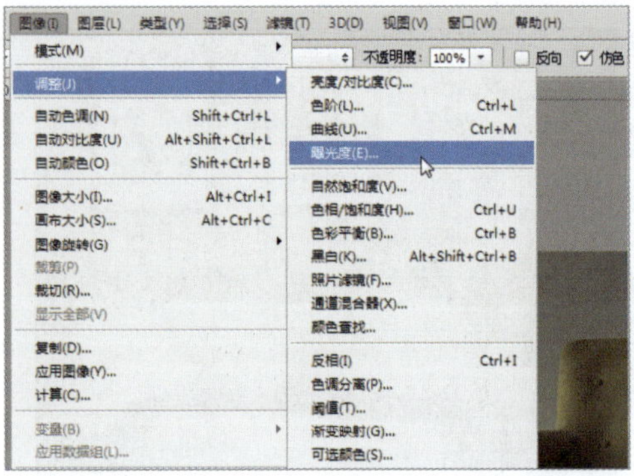

图 3-44 单击“曝光度”命令

Step 03 弹出“曝光度”对话框，设置“曝光度”为 1.8、“灰度系数校正”为 0.9，如图 3-45 所示。

Step 04 单击“确定”按钮，即可调整图像的曝光度，此时图像编辑窗口中的图像效果如图 3-46 所示。

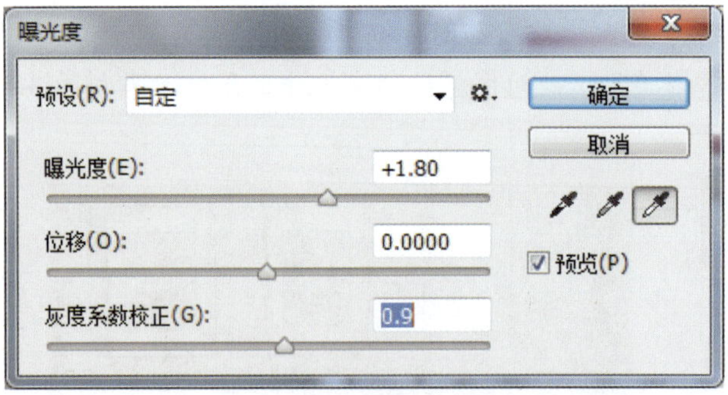

图 3-45 设置参数

图 3-46 最终效果

▶ 专家指点

“曝光度”对话框中的“位移”是使阴影和中间调变暗，对高光的影响很轻微；“灰度系数校正”是使用简单乘方函数调整图像灰度系数，负值会被视为相应的正值。

3.2.6 “自然饱和度”命令

“自然饱和度”命令

在商品拍摄过程中，经常会因为受光线、拍摄设备和环境影响，导致商品图像色彩减淡，这时可通过“自然饱和度”命令调整商品图像的饱和度。

下面介绍通过自然饱和度调整商品图像饱和度的具体操作方法。

Step 01 单击“文件”|“打开”命令，打开素材图像（素材\项目 3\月饼.jpg），如图 3-47 所示。

Step 02　在菜单栏中单击“图像”|“调整”|“自然饱和度”命令，如图 3-48 所示。

图 3-47　打开素材图像

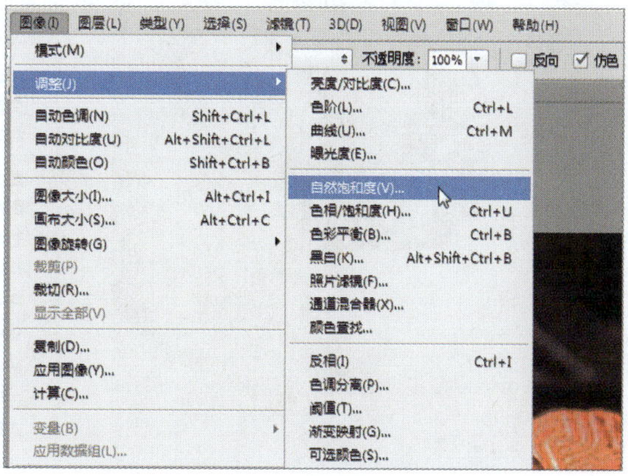

图 3-48　单击“自然饱和度”命令

Step 03　弹出“自然饱和度”对话框，设置“自然饱和度”为-53、“饱和度”为 100，如图 3-49 所示。

Step 04　单击“确定”按钮，即可调整图像的饱和度，此时图像编辑窗口中的图像效果如图 3-50 所示。

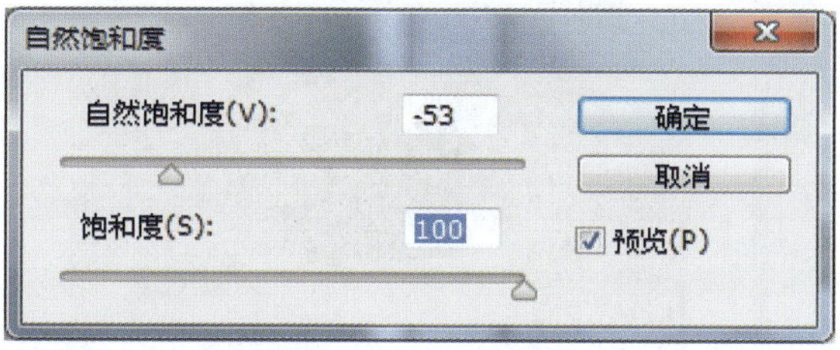

图 3-49　设置参数

图 3-50　最终效果

3.2.7　“色相/饱和度调”命令

在商品拍摄过程中，经常会因为受光线、拍摄设备和环境影响，导致商品图像色彩暗淡，这时可通过“色相/饱和度”命令调整商品图像的色调。

“色相/饱和度调”命令

下面介绍通过色相/饱和度调整商品图像色调的具体操作方法。

Step 01　单击“文件”|“打开”命令，打开素材图像（素材\项目 3\盆栽.jpg），如图 3-51 所示。

Step 02　在菜单栏中单击“图像”|“调整”|“色相/饱和度”命令，如图 3-52 所示。

图 3-51　打开素材图像

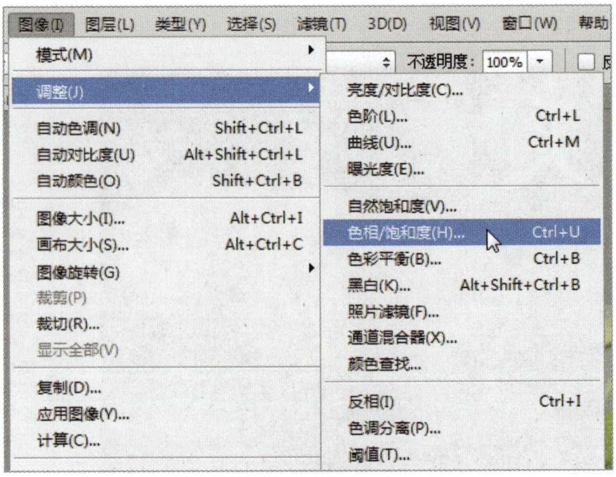

图 3-52　单击“色相/饱和度”命令

> **▶ 专家指点**
>
> “色相/饱和度”命令可以调整整幅图像或单个颜色分量的色相、饱和度和亮度值，还可以同步调整图像中所有的颜色。

Step 03　弹出“色相/饱和度”对话框，设置“色相”为 20、“饱和度”为 10、“明度”为 5，如图 3-53 所示。

Step 04　单击“确定”按钮，即可调整图像色调，此时图像编辑窗口中的图像效果如图 3-54 所示。

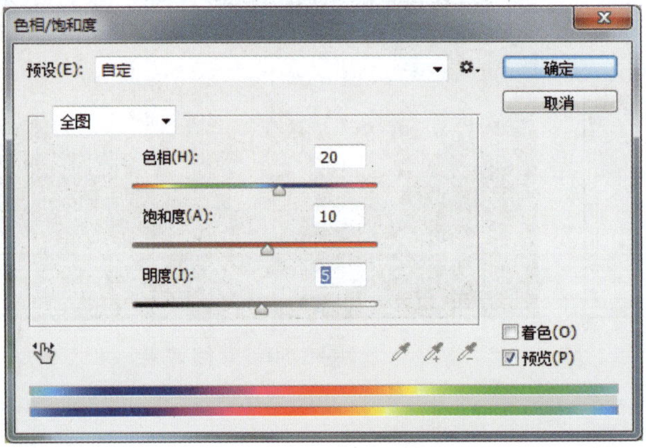

图 3-53　设置参数

图 3-54　最终效果

3.2.8　“色彩平衡”命令

在商品拍摄过程中，经常会因为光线不均的原因，导致拍摄的商品图像产生偏色，这时可通过“色彩平衡”命令调整商品图像色调，校正图像偏色。

“色彩平衡”命令

下面介绍通过色彩平衡调整商品图像偏色的具体操作方法。

Step 01 单击“文件”|“打开”命令，打开素材图像（素材\项目 3\楼房.jpg），如图 3-55 所示。

Step 02 在菜单栏中单击“图像”|“调整”|“色彩平衡”命令，如图 3-56 所示。

图 3-55　打开素材图像

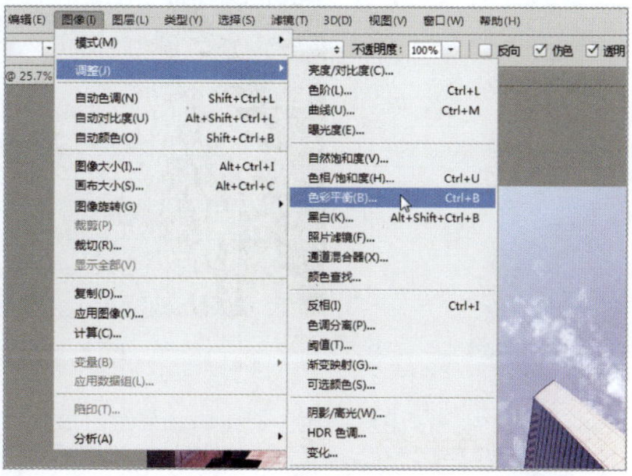

图 3-56　单击“色彩平衡”命令

> **▶ 专家指点**
>
> 按【Ctrl + B】组合键，也可以弹出“色彩平衡”对话框，在该对话框的“色彩平移”选项区中，分别显示了青色和红色、洋红和绿色、黄色和蓝色这 3 对互补的颜色，每一对颜色中间的滑块用于控制各主要色彩的增减。

Step 03 单击“图像”|“调整”|“色彩平衡”命令，弹出“色彩平衡”对话框，设置各选项为 0、100、0，如图 3-57 所示。

Step 04 选中“高光”单选按钮，设置“色阶”为 30、30、10，如图 3-58 所示。

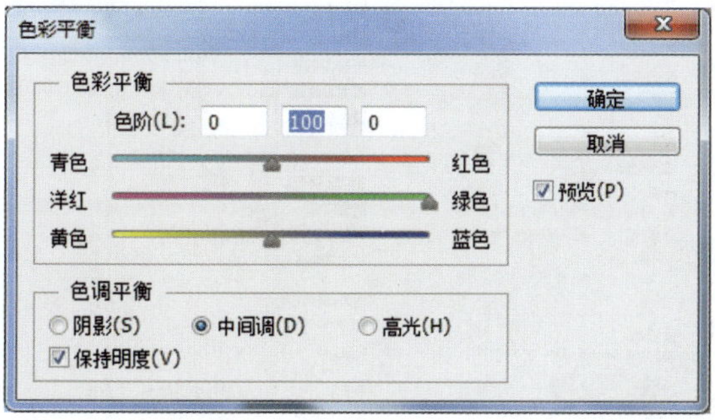

图 3-57　设置参数

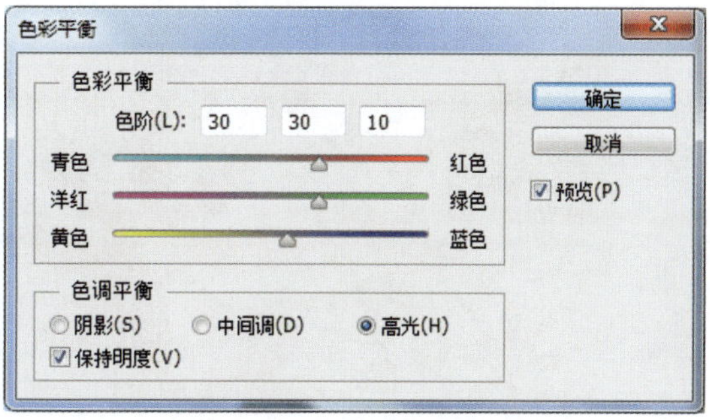

图 3-58　设置“色阶”

Step 05 单击“确定”按钮，即可调整图像偏色，此时图像编辑窗口中的图像效果如图 3-59 所示。

图 3-59　最终效果

3.2.9　“替换颜色”命令

在拍摄商品图像时，经常因为受拍摄设备影响，导致商品图像和商品本身存在色差，这时可通过“替换颜色”命令替换商品图像颜色。

下面介绍通过替换颜色命令替换商品图像颜色的具体操作方法。

“替换颜色”命令

Step 01　单击“文件”|“打开”命令，打开素材图像（素材\项目 3\小花朵.jpg），如图 3-60 所示。

Step 02　在菜单栏中单击“图像”|“调整”|“替换颜色”命令，如图 3-61 所示。

图 3-60　打开素材图像

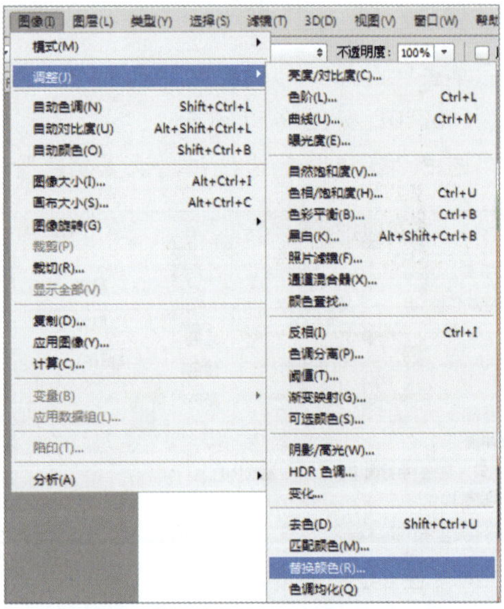

图 3-61　单击“替换颜色”命令

Step 03　弹出“替换颜色”对话框，单击“添加到取样”按钮，在黑色矩形框中多次单击，选中需要替换的颜色，如图 3-62 所示。

Step 04　单击“结果”色块，弹出“拾色器（结果颜色）”对话框，设置 RGB 参数值分别为 157、125、15，如图 3-63 所示。

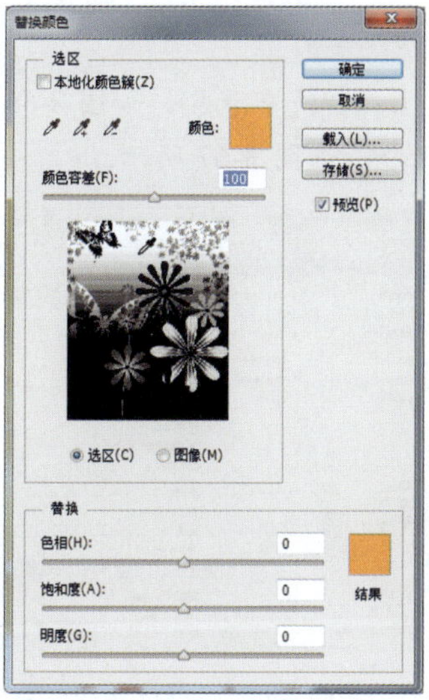

图 3-62　选中需要替换的颜色

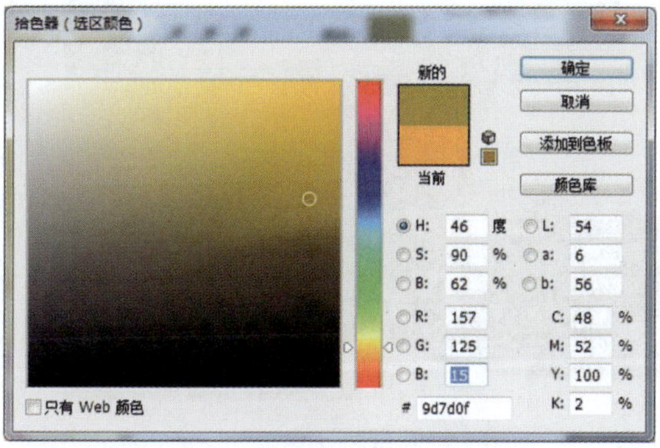

图 3-63　设置 RGB 参数值

Step 05　单击“确定”按钮，返回“替换颜色”对话框，设置“颜色容差”为 100、“色相”为 16，“饱和度”为 9、“明度”为-21，如图 3-64 所示。

Step 06　单击“确定”按钮，即可替换图像颜色，效果如图 3-65 所示。

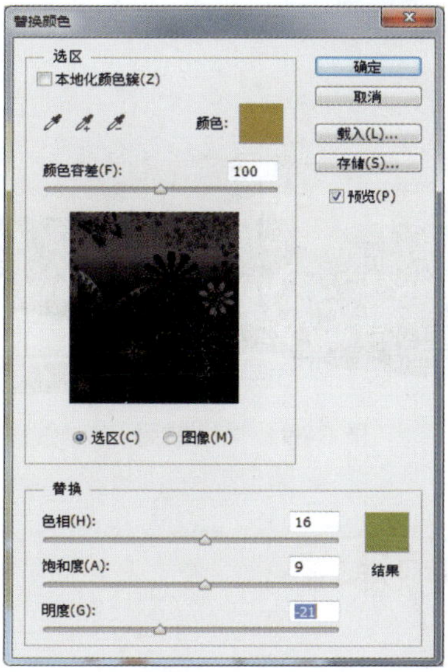

图 3-64　设置参数

图 3-65　最终效果

3.2.10　“可选颜色”命令

在处理商品图像时，由于光线、拍摄设备等因素，经常会使拍摄的商品图像颜色出现不平衡的情况，这时可运用“可选颜色”命令校正商品图像色彩平衡。

“可选颜色”命令

下面介绍通过可选颜色改变商品图像颜色的具体操作方法。

Step 01 单击“文件”|“打开”命令，打开素材图像（素材\项目 3\汽车.jpg），如图 3-66 所示。

Step 02 在菜单栏中单击“图像”|“调整”|“可选颜色”命令，如图 3-67 所示。

图 3-66 打开素材图像

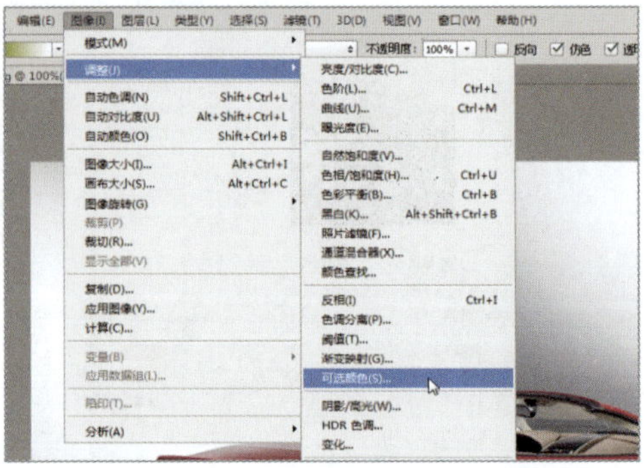

图 3-67 单击“可选颜色”命令

Step 03 弹出“可选颜色”对话框，设置其中各参数分别为-81、-64、-100、91，如图 3-68 所示。

Step 04 单击“确定”按钮，即可改变图像颜色，此时图像编辑窗口中的图像效果如图 3-69 所示。

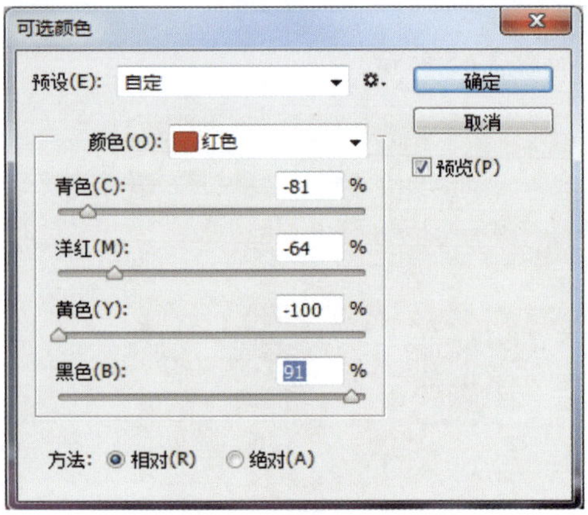

图 3-68 设置参数

图 3-69 最终效果

任务 3 美化商品图像

任务概述

本任务主要介绍在网店装修中经常需要用到的一些工具，其功能都是为了修饰图像，包括仿制图章工具、图案图章工具、污点修复画笔工具、修补工具、橡皮擦工具、填充命令、吸管工具和模糊工具，以及锐化工具等基本操作流程。

任务重点与实施

3.3.1　仿制图章工具

仿制图章工具

网店卖家进行商品图片后期处理时，经常发现背景图像太过复杂，无法突出商品主体，这时可以运用仿制图章工具去除背景杂物。在 Photoshop 软件中运用仿制图章工具可以将商品图像中的指定区域按原样复制到同一幅商品图像或其他商品图像中。

Step 01 按【Ctrl + O】组合键，打开素材图像（素材\项目 3\套装.jpg），如图 3-70 所示。

Step 02 选取工具箱中的仿制图章工具，如图 3-71 所示。

图 3-70　打开素材图像

图 3-71　选取仿制图章工具

Step 03 选取仿制图章工具后，工具属性栏中显示相关选项，如图 3-72 所示。

Step 04 将鼠标移动至图像窗口中的适当位置，按住【Alt】键的同时单击鼠标左键，进行取样，如图 3-73 所示。

图 3-72　工具栏属性显示

图 3-73　鼠标取样

Step 05 释放【Alt】键，将鼠标移动至图像编辑窗口中合适位置，单击鼠标左键并拖动，即可对样本对象进行复制，覆盖杂物，如图 3-74 所示。

图 3-74 最终效果

3.3.2 图案图章工具

网店卖家经常会需要批量给商品图片添加网店标识或添加网店标识，以及水印等，这时可以运用图案图章工具，将需要添加的图案内容定义好再复制到商品图像中。它能在目标商品图像上连续绘制出选定区域的图像，批量处理可以更快速地提高工作效率。

Step 01 按【Ctrl + O】组合键，打开两幅素材图像（素材\项目 3\圆椅.jpg、别致体验.png），如图 3-75 所示。

Step 02 切换至需要编辑的图像窗口，在菜单栏中单击“编辑”|“定义图案”命令，弹出“图案名称”对话框，单击“确定”按钮，切换至“圆椅”图像编辑窗口，选取工具箱中的图案图章工具，在工具属性栏中设置“图案”为“别致体验”，如图 3-76 所示。

图 3-75 打开素材图像

图 3-76 设置“图案”

Step 03 执行上述操作后，在图像编辑窗口合适位置单击鼠标左键并拖动，即可复制图像，如图 3-77 所示。

图 3-77　复制图像效果

▶ 专家指点

运用仿制图案图章工具时，先自定义一个图案，用矩形选框工具选定图案中的一个范围之后，单击“编辑”|“定义图案”命令，这时该命令呈灰色，即处于隐藏状态，这种情况下定义图案实现不了。这可能是在操作时设置了“羽化”值，这时选取矩形选框工具后，在工具属性栏中不要设置“羽化”即可。

3.3.3　污点修复画笔工具

污点修复画笔工具

网店卖家在处理商品图片时，经常会发现拍摄的商品图片上有污点或瑕疵，这时可运用污点修复画笔工具修复商品图片。

Step 01　在菜单栏中单击“文件”|“打开”命令，打开素材图像（素材\项目 3\裙子.jpg），如图 3-78 所示。

Step 02　选取工具箱中的污点修复画笔工具，如图 3-79 所示。

图 3-78　打开素材图像

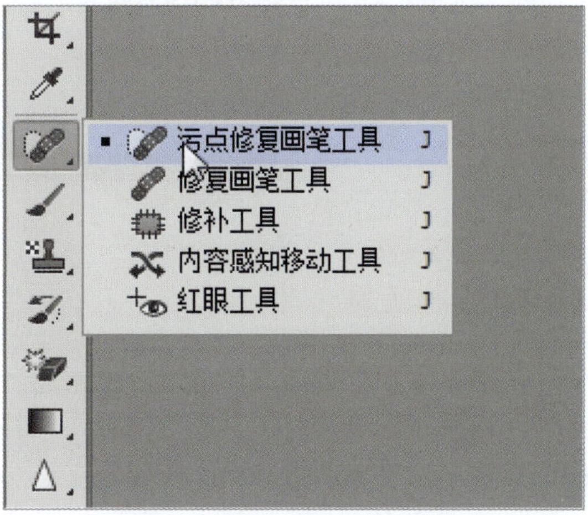

图 3-79　选取污点修复画笔工具

Step 03 此时工具属性栏中显示相关选项，如图 3-80 所示。

Step 04 移动鼠标至图像编辑窗口中的合适位置，单击鼠标左键并拖动，进行涂抹，鼠标涂抹过的区域呈黑色显示，如图 3-81 所示。

图 3-80　工具栏属性显示

图 3-81　区域呈黑色显示

Step 05 释放鼠标左键，即可运用污点修复画笔工具修复图像，如图 3-82 所示。

图 3-82　图像复原

3.3.4　修补工具

修补工具

网店卖家在处理商品图像时，经常遇到商品图像上被添加了文字或水印，这时可通过修补工具进行修补，修补工具可以用其他区域或图案中的像素来修复选区内的商品图像。

Step 01 在菜单栏中单击“文件”|“打开”命令，打开素材图像（素材\项目 3\柜子.jpg），如图 3-83 所示。

Step 02　选取工具箱中的修补工具，如图 3-84 所示。

图 3-83　打开素材图像

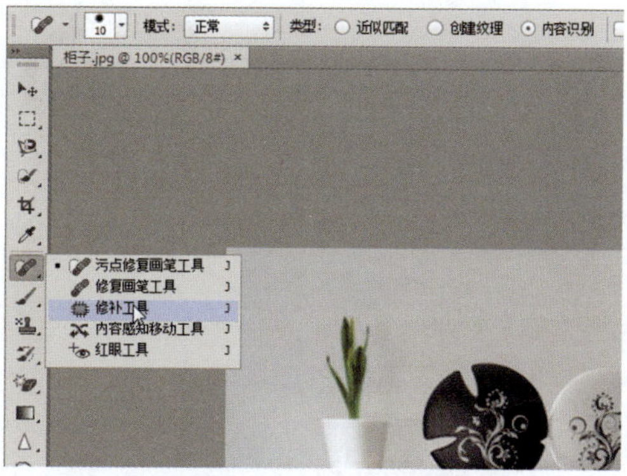

图 3-84　选取修补工具

Step 03　此时工具属性栏中显示相关选项，如图 3-85 所示。

Step 04　移动鼠标至图像编辑窗口中，在需要修补的位置单击鼠标左键并拖动，创建一个选区，如图 3-86 所示。

图 3-85　工具栏属性显示

图 3-86　单击鼠标左键并拖动

Step 05　移动鼠标至选区内，单击鼠标左键并拖动选区至图像颜色相近的位置，如图 3-87 所示。

Step 06　释放鼠标左键，即可完成修补操作，如图 3-88 所示。

图 3-87　移动鼠标选区

图 3-88　完成修补操作

Step 07　按【Ctrl + D】组合键取消选区，如图 3-89 所示。

图 3-89　取消选区

3.3.5　橡皮擦工具

橡皮擦工具

网店卖家发布的商品图片经常会根据活动更换而变更商品信息，这时运用橡皮擦工具可以擦除商品图片上的商品信息。

Step 01　在菜单栏中单击“文件”|“打开”命令，打开素材图像（素材\项目 3\眼镜.jpg），如图 3-90 所示。

Step 02　选取工具箱中的橡皮擦工具，如图 3-91 所示。

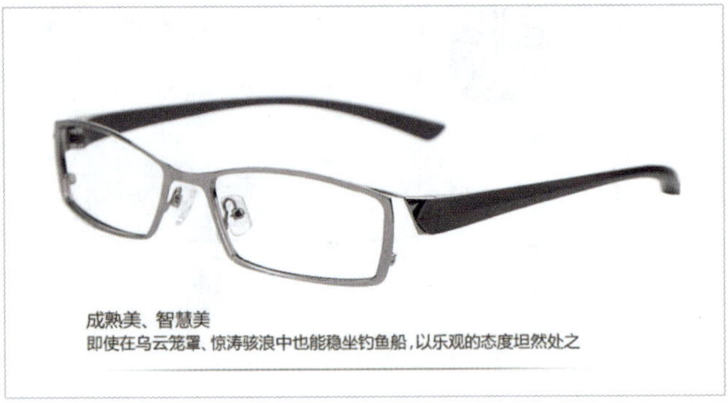

图 3-90　打开素材

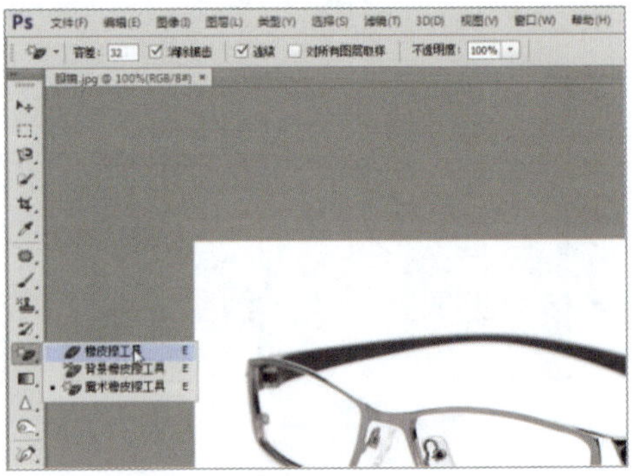

图 3-91　选取橡皮擦工具

Step 03　此时工具属性栏中显示相关选项，如图 3-92 所示。

Step 04　单击背景色色块，弹出“拾色器（背景色）”对话框，设置 RGB 参数值为相应参数，如图 3-93 所示。

> ▶ 专家指点
>
> 在橡皮擦工具属性栏中，各选项含义如下。
>
> **模式**：可以选择橡皮擦的种类。选择“画笔”选项，可以创建柔边擦除效果；选择“铅笔”选项，可以创建硬边擦除效果；选择“块”选项，擦除的效果为块状。
>
> **不透明度**：设置工具的擦除强度，100%的不透明度可以完全擦除像素，较低的不透明度将部分擦除像素。
>
> **流量**：用来控制工具的涂抹速度。
>
> **抹到历史记录**：选中该复选框后，橡皮擦工具就具有了历史记录画笔的功能。

图 3-92　工具栏属性显示

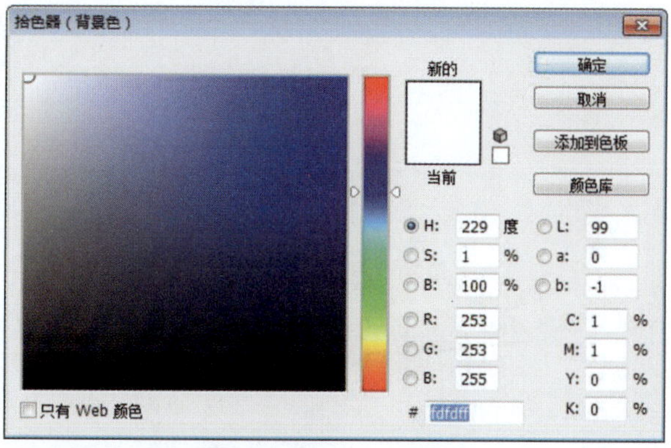

图 3-93　设置 RGB 参数值

Step 05　单击“确定”按钮，移动鼠标至图像编辑窗口中需要擦除的图像位置，单击鼠标左键，即可擦除图像区域，被擦除的区域以背景色填充，如图 3-94 所示。

图 3-94　填充背景色

> **▶ 专家指点**
>
> 如果处理的是“背景”图层或锁定了透明区域的图层，涂抹区域会显示为背景色；处理其他图层时，可以擦除涂抹区域的像素。

3.3.6　填充命令

填充命令

在处理商品图片时，若需更换商品图片背景颜色，可运用填充命令来快速实现。填充指的是在被编辑的商品图像中可以对整体或局部运用单色、多色或复杂的图案进行覆盖，Photoshop 中的“填充”命令功能非常强大。

Step 01　在菜单栏中单击“文件”|“打开”命令，打开素材图像（素材\项目 3\高跟鞋.jpg），如图 3-95 所示。

Step 02　在工具箱中选取魔棒工具，在商品图像编辑窗口中单击鼠标左键创建选区，如图 3-96 所示。

图 3-95　打开素材图像

图 3-96　选取魔棒工具

Step 03　单击背景色色块，弹出“拾色器（背景色）”对话框，设置 RGB 参数值均为 201，如图 3-97 所示。

Step 04　单击“确定”按钮，在菜单栏中单击“编辑”|“填充”命令，弹出“填充”对话框，设置“使用”为“背景色”，如图 3-98 所示。

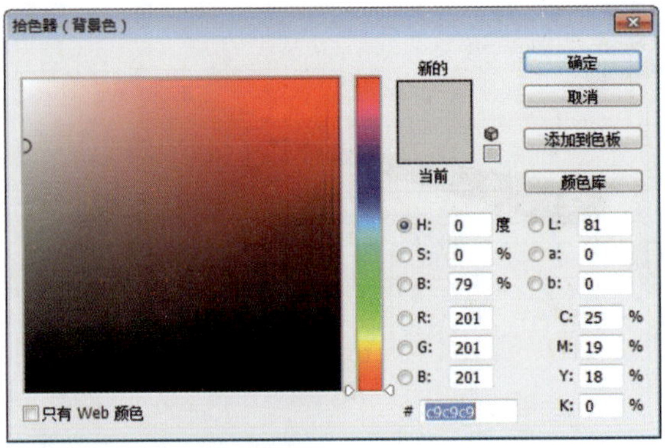

图 3-97　设置 RGB 参数值

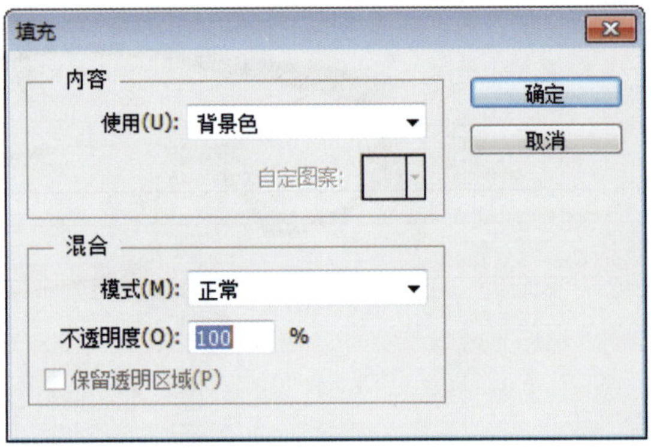

图 3-98　设置“背景色”

Step 05　单击“确定”按钮，即可运用“填充”命令填充颜色，如图 3-99 所示。

Step 06　按【Ctrl + D】组合键取消选区，如图 3-100 所示。

图 3-99　填充颜色

图 3-100　最终效果

3.3.7　模糊工具

在处理商品图片时，经常发现商品图片的主体不明确，这时可通过模糊工具对商品图像进行适当的修饰，虚化商品背景，使商品图像主体更加突出、清晰，从而使画面富有层次感。

模糊工具

Step 01　在菜单栏中单击“文件”|“打开”命令，打开素材图像（素材\项目 3\拖鞋.jpg），如图 3-101 所示。

Step 02　在工具箱中选取模糊工具，如图 3-102 所示。

图 3-101　打开素材图像

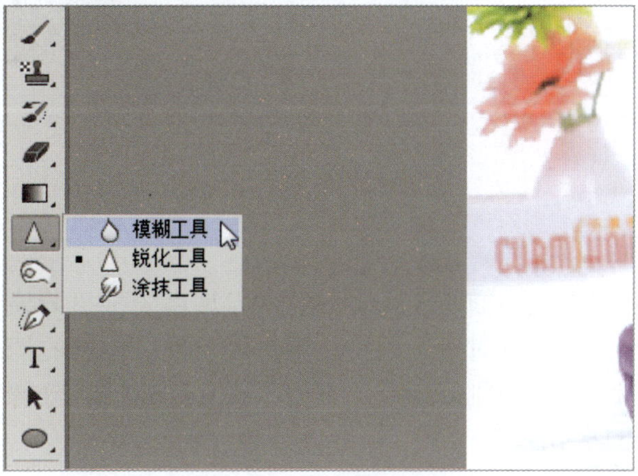

图 3-102　选取模糊工具

Step 03　选取模糊工具后，工具属性栏中显示相关选项，如图 3-103 所示。

Step 04　在其中设置“强度”为 100%、“大小”为 70 像素，如图 3-104 所示。

图 3-103　工具栏属性显示

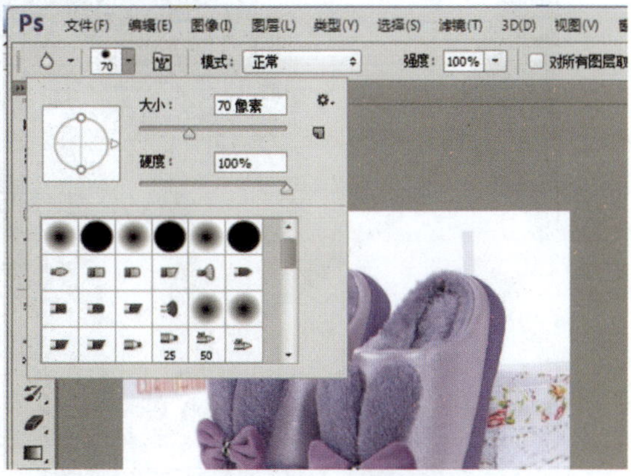

图 3-104　设置像素

Step 05　将鼠标移动至商品图像上，单击鼠标左键并在图像背景上进行涂抹，即可模糊图像背景，如图 3-105 所示。

图 3-105　最终效果

3.3.8　锐化工具

在处理商品图片时，经常发现由于拍摄效果不佳而导致商品图片模糊不清，这时可运用锐化工具调整商品图像的清晰度。锐化工具与模糊工具的作用刚好相反，它用于锐化图像的部分像素，使得被编辑的图像更加清晰。

锐化工具

Step 01　在菜单栏中单击“文件”|“打开”命令，打开素材图像（素材\项目 3\玫瑰项链.jpg），如图 3-106 所示。

Step 02　在工具箱中选取锐化工具，设置“强度”为 100%、“大小”为 70 像素，如图 3-107 所示。

图 3-106　打开素材图像

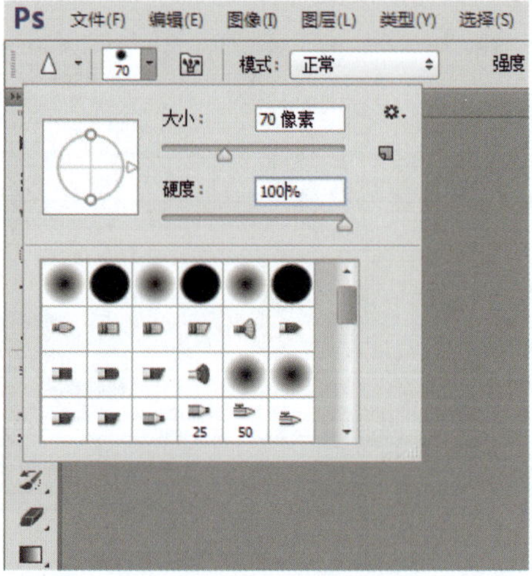

图 3-107　设置相应参数

Step 03　将鼠标移动至素材图像上，单击鼠标左键并在图像上进行涂抹，即可调整商品图像的清晰度，如图 3-108 所示。

图 3-108　锐化图像效果

项 目 小 结

本项目首先介绍了运用基础工具处理商品图像的基本操作；其次介绍了运用命令调整商品图像的色调；最后介绍了运用修饰工具美化商品图像等内容。通过本项目的学习，学生能掌握 Photoshop 的基本操作，灵活运用各种工具，处理并制作出更多精致、美观的商品图像。

项 目 习 题

项目习题

鉴于本项目知识的重要性，为了帮助学生更好地掌握所学知识，本项目将通过上机习题，帮助学生进行简单的知识回顾和补充。

本习题需要掌握运用吸管工具改变图像颜色的方法，效果如图 3-109 所示。

（a）　　（b）

图 3-109　素材与效果

项目 4　网店商品图像的抠图技巧

项目概述

网店的卖家除了需要自己耐心学习摄影、不断地尝试拍照外，还必须学会抠图，制作出更完美的商品图像。如果出现拍摄的商品背景不好的情况，或者希望将商品应用于更多的场合，就需要通过 Photoshop 进行抠图处理。本项目主要介绍运用工具、选区、路径、蒙版及通道等对商品图像进行抠图的操作。

知识目标

- 掌握边框、路径、钢笔、矩形等工具的抠图技巧。
- 熟练运用蒙版和矢量蒙版抠图。

素质目标

- 培养学生动手操作能力，促进学生自主学习和提高创新的能力。
- 培养学生分析问题、解决问题的能力，提高学生责任心。

任务 1　运用工具抠图技巧

任务概述

在 Photoshop 中选框工具、套索工具、橡皮擦工具、快速选择工具及魔棒工具都是很常用的抠图工具，本任务主要介绍通过运用工具对网店商品的抠图操作。

任务重点与实施

4.1.1　矩形选框工具

矩形选框工具

网店卖家在编辑图像时，若商品图像是矩形形状，就可通过矩形选框工具快速抠取商品图像。下面介绍通过矩形选框抠取商品的具体操作方法。

Step 01　单击“文件”|“打开”命令，打开素材图像（素材\项目 4\鼠标垫.jpg），如图 4-1 所示。

Step 02　在工具箱中选取矩形选框工具，如图 4-2 所示。

图 4-1　打开素材图像

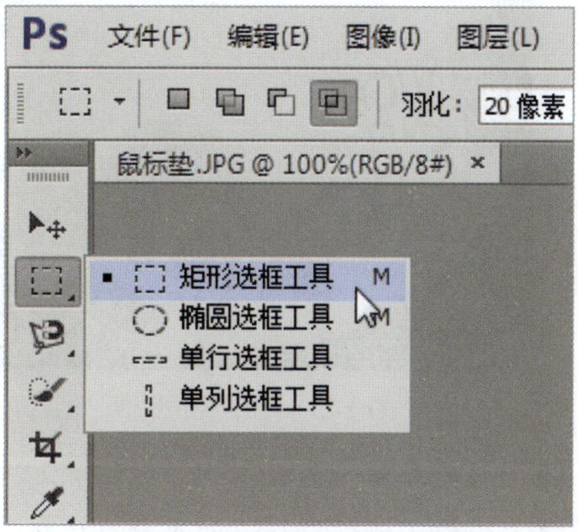

图 4-2　选取矩形选框工具

Step 03　执行上述操作后，将鼠标移动至图像编辑窗口，在合适位置单击鼠标左键并拖曳鼠标至合适位置后释放鼠标，即可创建选区，如图 4-3 所示。

Step 04　按【Ctrl + J】组合键，得到“图层 1”图层，单击“背景”图层的“指示图层可见性”图标，即可隐藏“背景”图层，效果如图 4-4 所示。

图 4-3　创建选区

图 4-4　最终效果

4.1.2　椭圆选框工具

网店卖家在编辑图像时，若商品图像是椭圆或圆形形状，就可通过椭圆选框工具快速抠取商品图像。下面介绍通过椭圆选框抠取商品的具体操作方法。

椭圆选框工具

Step 01　单击“文件”|“打开”命令，打开素材图像（素材\项目 4\橄榄球.jpg），如图 4-5 所示。

Step 02　在工具箱中选取椭圆选框工具，在图像适当位置单击鼠标左键并拖曳鼠标创建一个椭圆选区，如图 4-6 所示。

图 4-5　打开素材图像

图 4-6　选取椭圆选框工具

Step 03　移动鼠标至椭圆选区内，当鼠标呈时拖曳鼠标，如图 4-7 所示。

Step 04　执行上述操作后，即可移动选区至合适位置，如图 4-8 所示。

图 4-7　拖曳鼠标

图 4-8　移动选区

Step 05　按【Ctrl + J】组合键，得到“图层 1”图层，单击“背景”图层的“指示图层可见性”图标，如图 4-9 所示。

Step 06　执行上述操作后，即可隐藏“背景”图层，效果如图 4-10 所示。

图 4-9　单击“指示图层可见性”图标

图 4-10　最终效果

4.1.3　磁性套索工具

磁性套索工具

在网店卖家美化商品图像时，若商品图像背景较复杂、选择区域与背景有较高对比度，就可通过磁性套索工具抠取商品图片，磁性套索工具可以根据商品图像的对比度自动跟踪商品图像的边缘，这样可以快速抠取商品，提高工作效率。

下面介绍通过磁性套索工具抠取商品的具体操作方法。

Step 01　单击“文件”|“打开”命令，打开素材图像（素材\项目 4\帽子.jpg），如图 4-11 所示。

Step 02　选取工具箱中的磁性套索工具，如图 4-12 所示。

图 4-11　打开素材图像

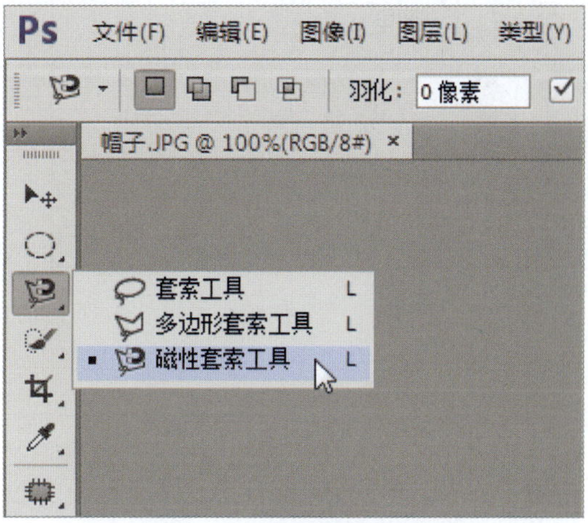

图 4-12　选取磁性套索工具

Step 03　在工具属性栏中设置“羽化”为 0 像素，将鼠标移至图像编辑窗口中，沿着商品图像的边缘移动鼠标，如图 4-13 所示。

Step 04　至起始点处，单击鼠标左键，即可创建选区，如图 4-14 所示。

图 4-13　沿着图像边缘移动鼠标

图 4-14　创建选区

Step 05　按【Ctrl + J】组合键，得到“图层 1”图层，单击“背景”图层的“指示图层可见性”图标，如图 4-15 所示。

Step 06　执行上述操作后，即可隐藏“背景”图层，效果如图 4-16 所示。

图 4-15　单击“指示图层可见性”图标

图 4-16　最终效果

4.1.4　橡皮擦工具

当用户拍摄的商品图像比较杂乱时，可使用橡皮擦工具擦去多余图像，抠取商品。下面介绍通过橡皮擦工具抠取商品的具体操作方法。

橡皮擦工具

Step 01　单击“文件”|“打开”命令，打开素材图像（素材\项目 4\纸巾.jpg），如图 4-17 所示。

Step 02　选取工具箱中的橡皮擦工具，如图 4-18 所示。

图 4-17　打开素材图像

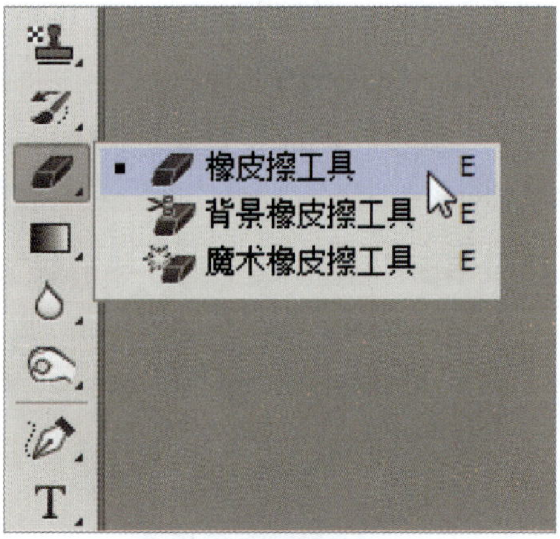

图 4-18　选取橡皮擦工具

Step 03　在工具属性栏中，设置画笔为“硬边圆”“大小”为 60 像素，如图 4-19 所示。

Step 04　设置背景色为白色（RGB 参数值均为 255），如图 4-20 所示。

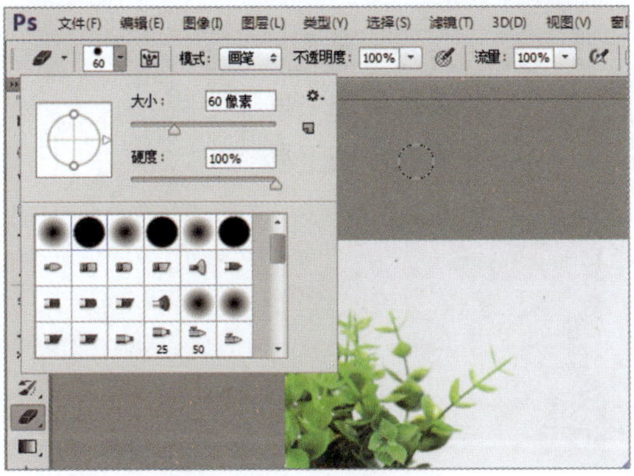

图 4-19　设置相应选项

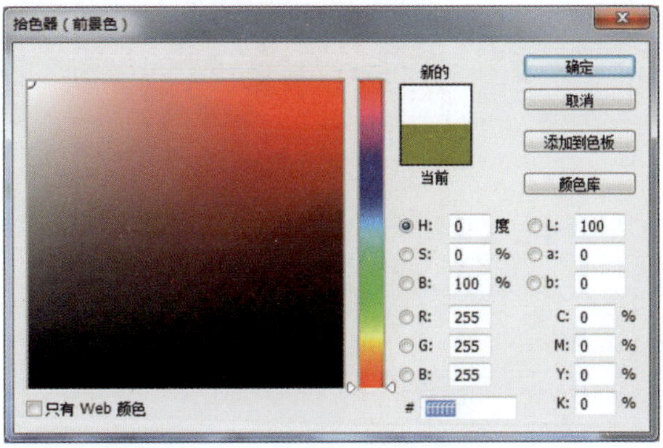

图 4-20　设置背景色为白色

Step 05　移动鼠标至图像编辑窗口中，单击鼠标左键，擦除背景区域，如图 4-21 所示。

Step 06　继续在其他背景区域拖动鼠标，擦除背景，效果如图 4-22 所示。

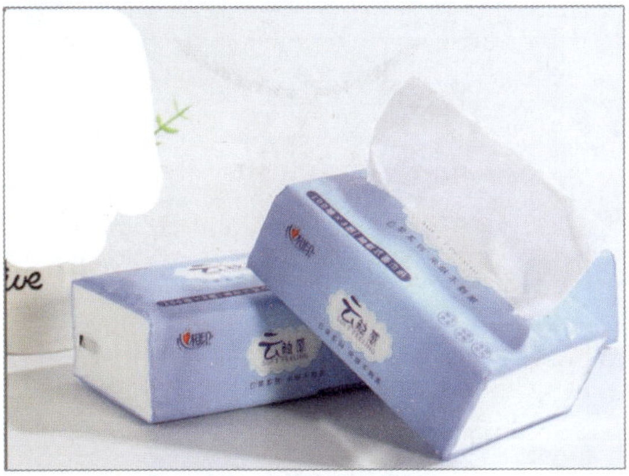

图 4-21　擦除背景区域

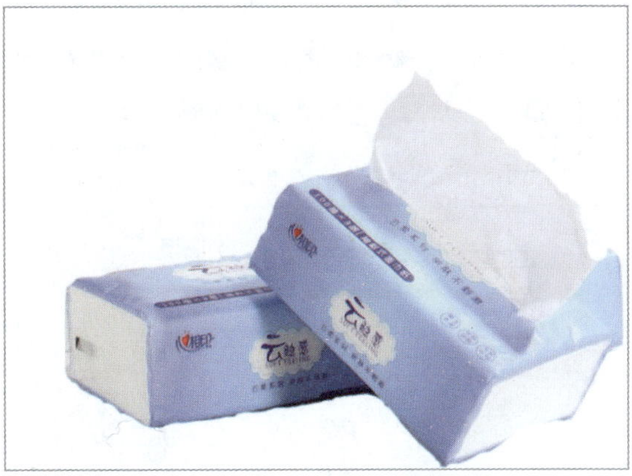

图 4-22　最终效果

4.1.5　背景橡皮擦工具

背景橡皮擦工具

如果网店卖家拍摄的商品图像背景颜色是单一的，即可使用背景橡皮擦工具快速擦去背景抠取商品。下面介绍通过背景橡皮擦工具抠取商品的具体操作方法。

Step 01　单击“文件”|“打开”命令，打开素材图像（素材\项目 4\叶子.jpg），如图 4-23 所示。

Step 02　选择工具箱中的吸管工具，在图像灰色背景上单击鼠标左键，即可吸取背景色，单击“切换前景色和背景色”按钮，并选取工具箱中的背景橡皮擦工具，如图 4-24 所示。

图 4-23　打开素材图像

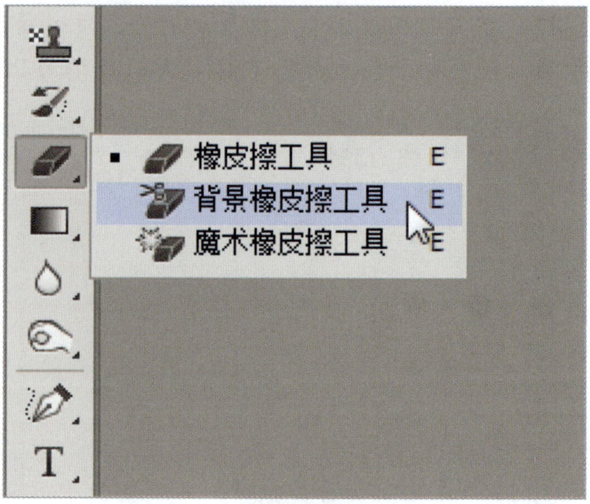

图 4-24　选取背景橡皮擦工具

Step 03　在工具属性栏中，设置“大小”为 100 像素，并单击“取样：背景色板”按钮，如图 4-25 所示。

Step 04　在图像编辑窗口单击鼠标左键并拖曳鼠标，即可擦除图像背景，如图 4-26 所示。

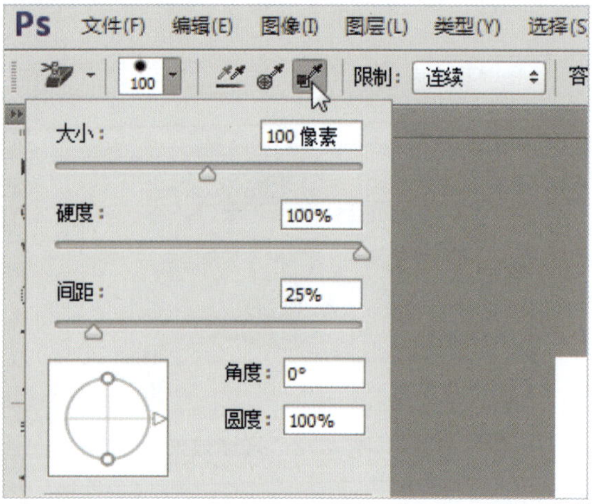

图 4-25　设置相应选项

图 4-26　最终效果

4.1.6　魔术橡皮擦工具

网店卖家处理商品图片时，可使用魔术橡皮擦工具快速擦去单一颜色的背景，抠取商品图像，为用户节约时间，提高工作效率。

下面介绍通过魔术橡皮擦抠取商品的具体操作方法。

魔术橡皮擦工具

Step 01　单击“文件”|“打开”命令，打开素材图像（素材\项目 4\蛋糕.jpg），如图 4-27 所示。

Step 02　选取工具箱中的魔术橡皮擦工具，如图 4-28 所示。

图 4-27　打开素材图像

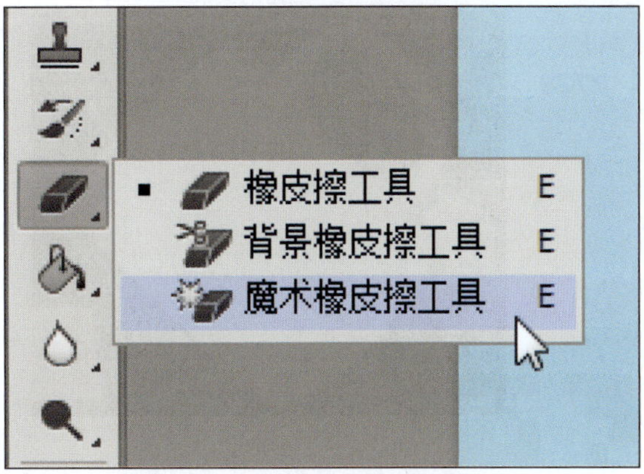

图 4-28　选取魔术橡皮擦工具

Step 03　在工具属性栏中设置“容差”为 32，选中“连续”复选框，如图 4-29 所示。

Step 04　移动鼠标至图像编辑窗口中的蓝色区域，单击鼠标左键即可擦除背景，效果如图 4-30 所示。

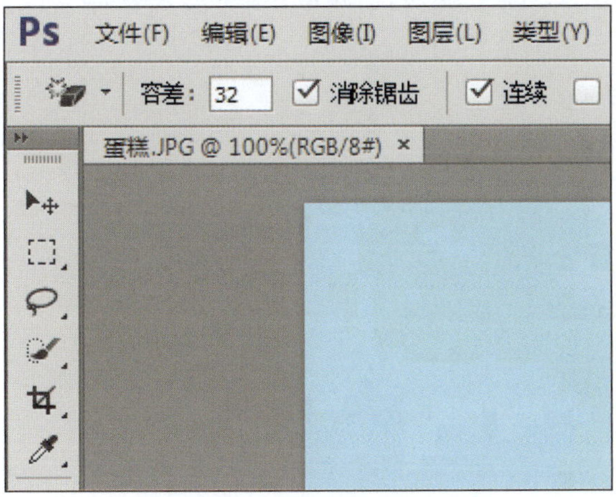

图 4-29　设置相应选项

图 4-30　最终效果

4.1.7　魔棒工具

在网店设计过程中，运用魔棒工具可以创建与图像颜色相近或相同像素的选区，在颜色相近的图像上单击鼠标左键，即可选取图像上相近的颜色范围。

魔棒工具

下面向学生介绍通过魔棒工具抠取商品的操作方法。

Step 01　单击“文件”|“打开”命令，打开素材图像（素材\项目 4\马克杯.jpg），如图 4-31 所示。

Step 02　选取工具箱中的魔棒工具，如图 4-32 所示。

图 4-31　打开素材图像

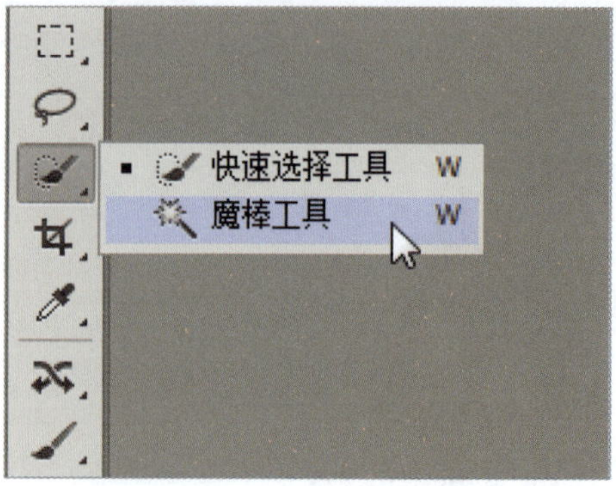

图 4-32　选取魔棒工具

Step 03　在工具属性栏上单击“添加到选区”按钮，设置“容差”为 40，选中“连续”复选框，在合适位置多次单击鼠标左键，即可创建选区，如图 4-33 所示。

Step 04　按【Ctrl + J】组合键，拷贝一个新图层，并隐藏“背景”图层，如图 4-34 所示。

图 4-33　创建选区

图 4-34　最终效果

1．通过单一选区抠商品

单一选区是指每次单击魔棒工具，网店卖家在处理商品图像时，只能选择一个区域，再次进行单击选取时，则前面选择的区域将自动取消选择，如图 4-35 所示。

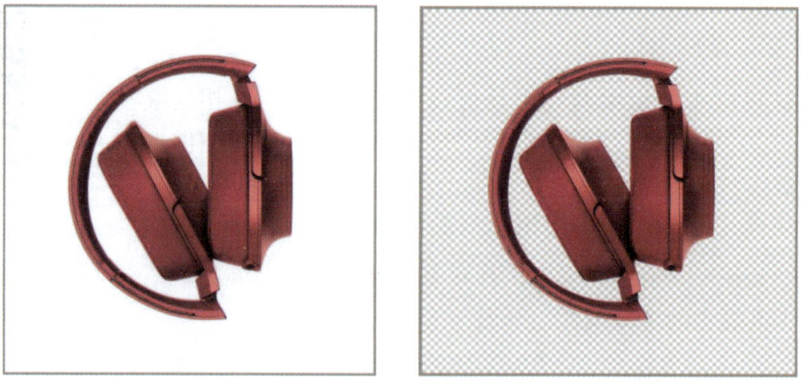

（a）　（b）

图 4-35　通过单一选区抠商品

2．通过添加选区抠商品

使用魔棒工具时，在工具属性栏中单击“添加到选区”按钮，可以在原有选区的基础上添加新选区，将新建的选区与原来的选区合并成为新的选区。

选取工具箱中的魔棒工具，在工具属性栏中选中“连续”复选框，在图像编辑窗口单击背景区域，在工具属性栏中单击“添加到选区”按钮，多次单击背景区域，使背景全部被选中，单击“选择”|“反向”命令，反选选区，按【Ctrl＋J】组合键，拷贝选区内的图像，建立“图层 1”图层，并隐藏“背景”图层，抠取商品，如图 4-36 所示。

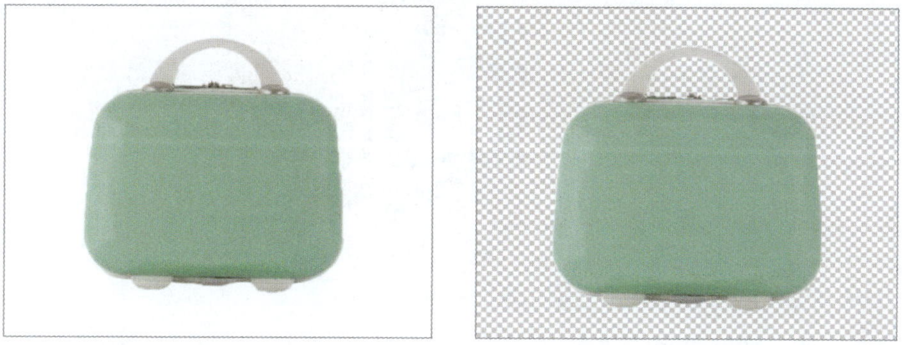

（a）　　　　（b）

图 4-36　通过添加选区抠商品

▶ 专家指点

在“新选区”状态下，按住【Shift】键的同时，单击图像编辑窗口中的相应区域，可快速切换到“添加到选区”状态。

3．通过减选选区抠商品

使用魔棒工具时，在工具属性栏中单击“从选区减去”按钮，可以从原有选区中减去不需要的部分，从而得到新的选区。

选取工具箱中的魔棒工具，在图像编辑窗口单击背景区域，在工具属性栏中，单击“从选区减去”按钮，单击“选择”|“反向”命令，反选选区，按【Ctrl＋J】组合键，拷贝选区内的图像，建立“图层 1”图层，并隐藏“背景”图层，抠取商品，如图 4-37 所示。

（a）　　　　（b）

图 4-37　通过减选选区抠取商品

4．通过交叉选取抠商品

交叉选取是指使用选区或套索工具在图形中创建选区，网店卖家在处理商品图像时，如果新创建的选区与原来的选区有相交部分，结果会将相交的部分作为新的选区。

选取工具箱中的矩形选框工具，在图像编辑窗口中的合适位置，绘制一个矩形选区，如图 4-38 所示。

图 4-38　绘制矩形选区

选取工具箱中的魔棒工具，在工具属性栏中单击“与选区交叉”按钮，在中间蓝色区域单击鼠标左键，按【Ctrl＋J】组合键，拷贝选区内的图像，建立“图层 1”图层，并隐藏“背景”图层，抠取商品，如图 4-39 所示。

（a）　　（b）

图 4-39　通过交叉选取抠商品

任务 2　商品图像的高级抠图技巧

任务概述

本任务主要介绍通过运用钢笔工具、矩形工具、椭圆工具、蒙版，以及通道对网店商品的抠图技巧。

任务重点与实施

4.2.1　钢笔工具抠取多边形商品

钢笔工具抠取多边形商品

网店卖家处理商品图片时，若所拍摄的商品轮廓呈多边形，可使用钢笔工具先绘制直线路径然后转换为选区抠取商品。下面介绍通过钢笔绘制直线路径抠取商品的具体操作方法。

Step 01　单击“文件”|“打开”命令，打开素材图像（素材\项目 4\盒子.jpg），如图 4-40 所示。

Step 02　选取工具箱中的钢笔工具，如图 4-41 所示。

图 4-40　打开素材图像

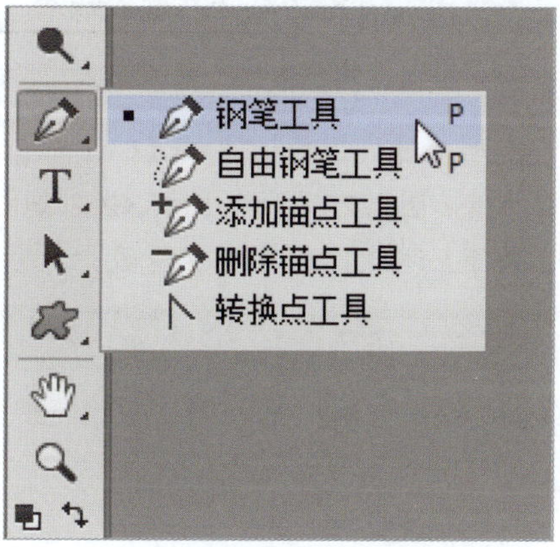

图 4-41　选取钢笔工具

Step 03　将鼠标移至图像编辑窗口中，沿图像边缘单击鼠标左键创建锚点绘制路径，如图 4-42 所示。

Step 04　在菜单栏中单击“窗口”|“路径”命令，如图 4-43 所示。

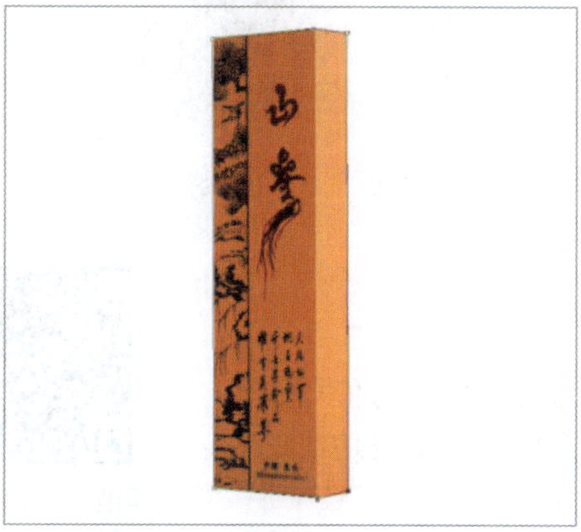

图 4-42　创建锚点绘制路径

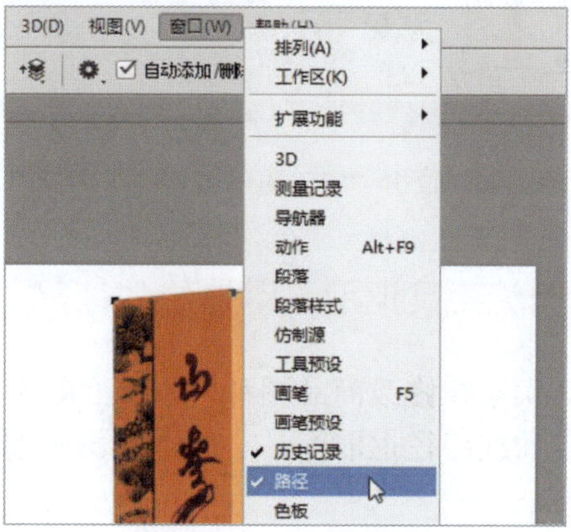

图 4-43　单击“路径”命令

Step 05　展开“路径”面板，单击“将路径作为选区载入”按钮，如图 4-44 所示。

Step 06　执行上述操作后，即可创建选区，效果如图 4-45 所示。

图 4-44　单击“将路径作为选区载入”按钮

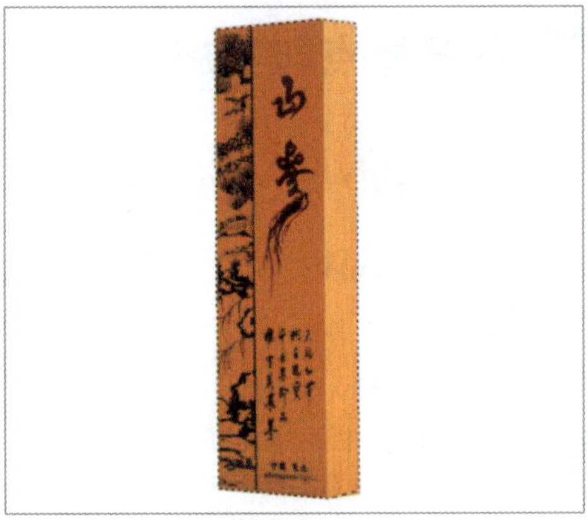

图 4-45　创建选区

Step 07　展开“图层”面板，按【Ctrl + J】组合键，得到“图层 1”图层，单击“背景”图层的“指示图层可见性”图标，如图 4-46 所示。

Step 08　执行上述操作后，即可隐藏“背景”图层，效果如图 4-47 所示。

图 4-46　单击“指示图层可见性”图标

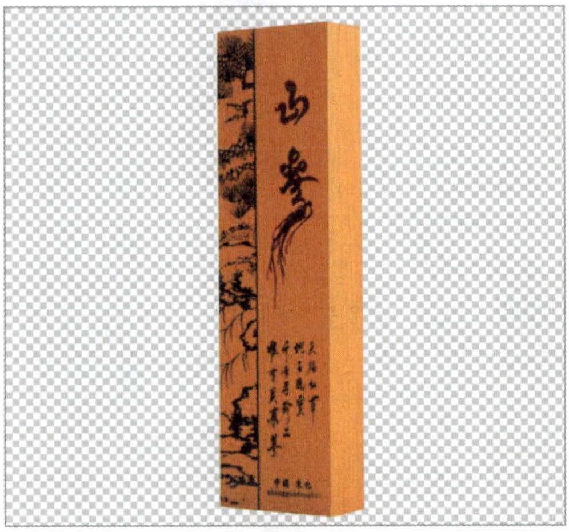

图 4-47　最终效果

4.2.2　钢笔工具抠取平滑边缘的商品

网店卖家在修改商品图片时，如拍摄的商品边缘平滑，可使用钢笔工具绘制曲线路径抠取商品。下面介绍通过钢笔工具抠取平滑边缘的具体操作方法。

钢笔工具抠取平滑边缘的商品

Step 01　单击“文件”|“打开”命令，打开素材图像（素材\项目 4\电饭锅盖.jpg），如图 4-48 所示。

Step 02　选取工具箱中的钢笔工具，如图 4-49 所示。

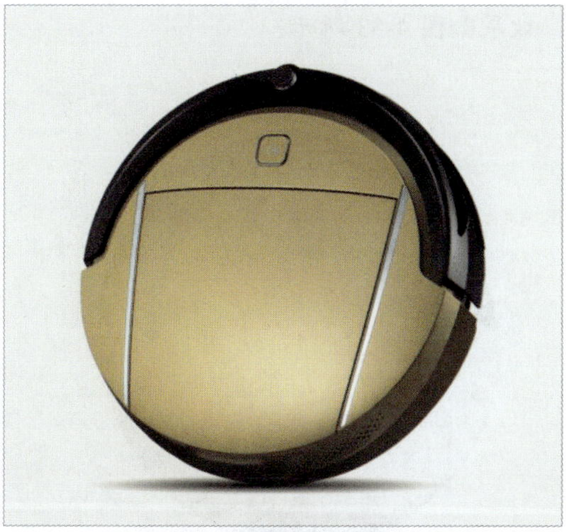

图 4-48　打开素材图像

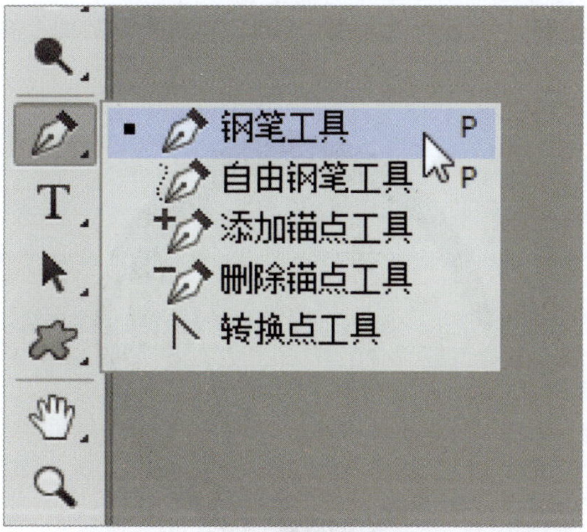

图 4-49　选取钢笔工具

▶ 专家指点

使用钢笔工具绘制路径时，按住【Shift】键，如果在已经绘制好的路径上单击鼠标则表示禁止自动添加和删除锚点的操作，如果在路径之外单击鼠标则表示强制绘制的路径为 45°角的倍数。

Step03　将鼠标移至图像编辑窗口中，在合适位置单击鼠标左键，绘制第 1 个曲线锚点，如图 4-50 所示。

Step04　释放鼠标后，移动鼠标至合适位置单击鼠标左键并拖曳鼠标，将曲线调至和图像边缘重合位置，释放鼠标即可绘制第 2 个曲线锚点，如图 4-51 所示。

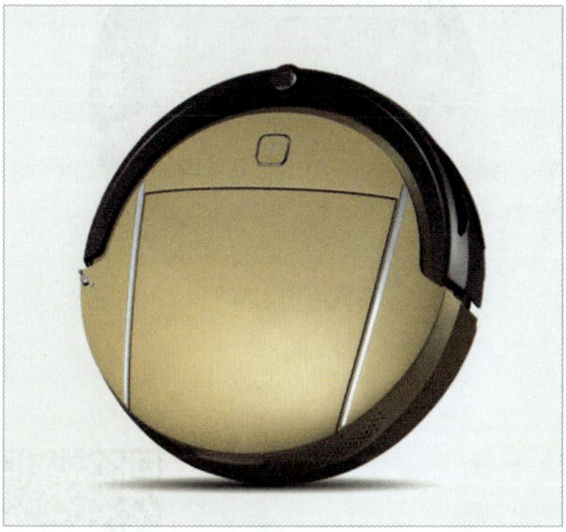

图 4-50　绘制第 1 个曲线锚点

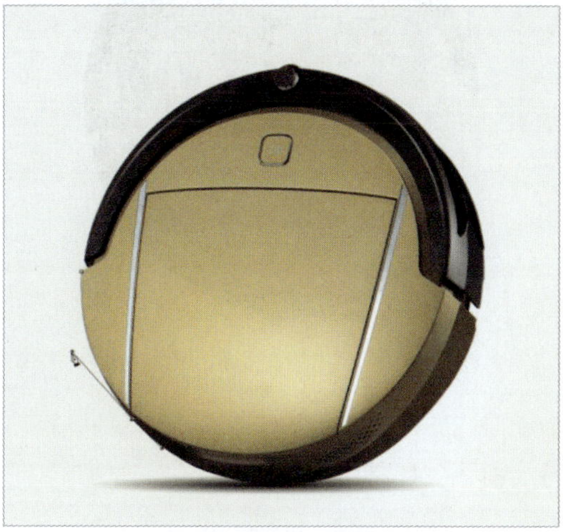

图 4-51　绘制第 2 个曲线锚点

Step05　按住【Alt】键，将鼠标移动至第 2 个曲线锚点上，当鼠标呈 时单击鼠标左键，即可删除一条控制柄，再次移动鼠标至合适位置单击鼠标左键并拖曳鼠标，将曲线调至和图像边缘重合位置，释放鼠标即可绘制第 3 个锚点，如图 4-52 所示。

Step 06　重复以上操作，沿图像边缘绘制闭合路径，效果如图 4-53 所示。

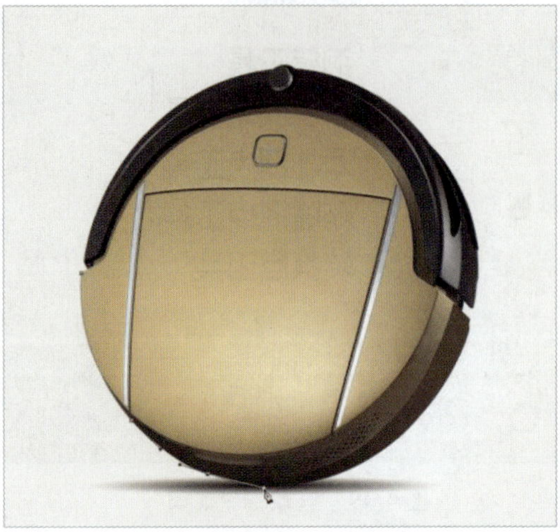

图 4-52　绘制第 3 个锚点

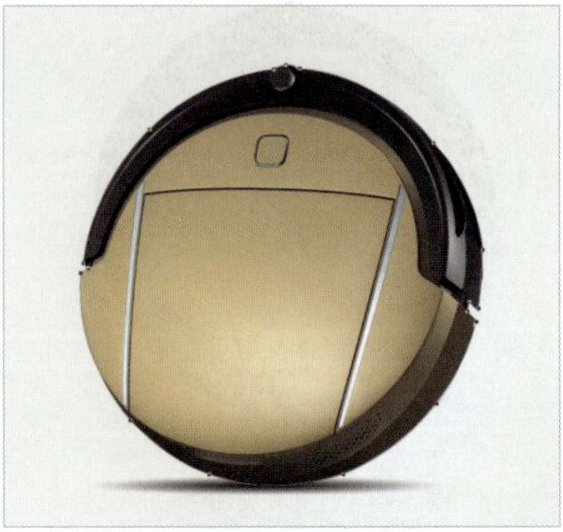

图 4-53　绘制闭合路径

Step 07　展开“路径”面板，单击“将路径作为选区载入”按钮，即可创建选区，效果如图 4-54 所示。

Step 08　展开“图层”面板，按【Ctrl + J】组合键，得到“图层 1”图层，单击“背景”图层的“指示图层可见性”图标，即可隐藏“背景”图层，效果如图 4-55 所示。

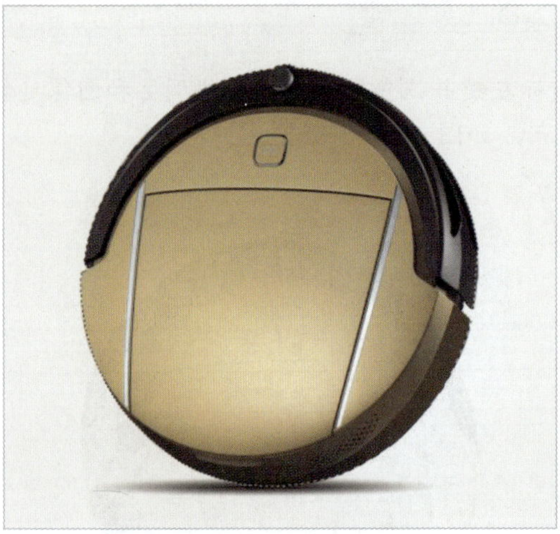

图 4-54　创建选区

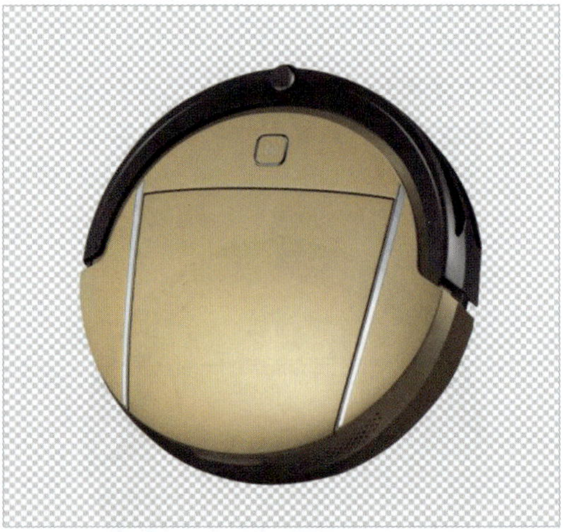

图 4-55　最终效果

4.2.3　矩形工具

网店卖家在修改商品图片时，若商品呈矩形，可使用矩形工具创建路径抠取商品图片。下面介绍通过绘制矩形路径抠取商品的具体操作方法。

矩形工具

Step 01　单击“文件”|“打开”命令，打开素材图像（素材\项目 4\鹿.jpg），如图 4-56 所示。

Step 02　选取工具箱中的矩形工具，如图 4-57 所示。

图 4-56　打开素材图像

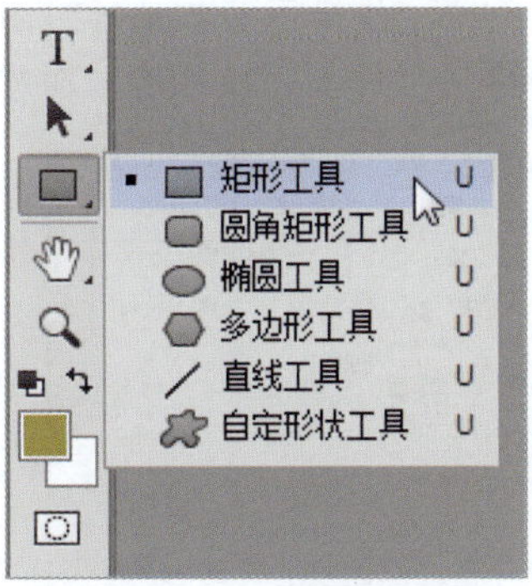

图 4-57　选取矩形工具

Step 03　在工具属性栏中，设置“选择工具模式”为“路径”，如图 4-58 所示。

Step 04　将鼠标移动至图像编辑窗口中合适位置，单击鼠标左键并拖曳至合适位置，释放鼠标即可创建一个矩形路径，如图 4-59 所示。

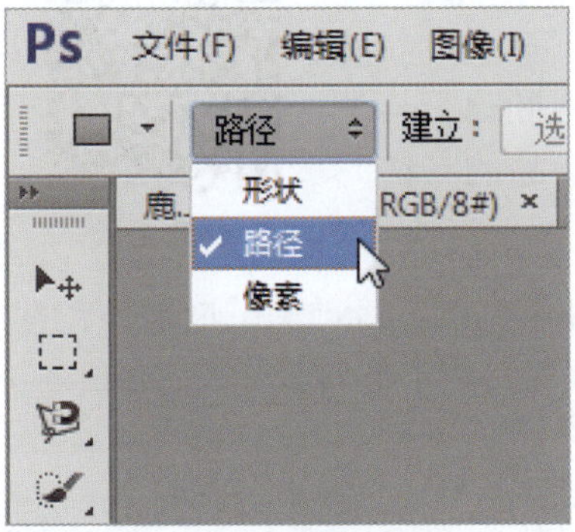

图 4-58　设置“选择工具模式”

图 4-59　创建矩形路径

Step 05　在菜单栏中单击“窗口”|“路径”命令，即可展开“路径”面板，单击“将路径作为选区载入”按钮，如图 4-60 所示。

Step 06　执行上述操作后，即可创建选区，如图 4-61 所示。

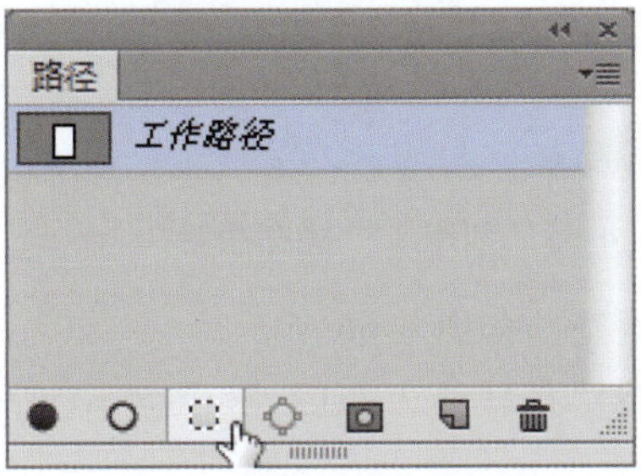

图 4-60　单击“将路径作为选区载入”按钮

图 4-61　创建选区

Step 07 展开“图层”面板，按【Ctrl + J】组合键，得到“图层 1”图层，单击“背景”图层的“指示图层可见性”图标，如图 4-62 所示。

Step 08 执行上述操作后，即可隐藏“背景”图层，效果如图 4-63 所示。

图 4-62 单击“指示图层可见性”图标

图 4-63 最终效果

4.2.4 椭圆工具

网店卖家在处理商品图片时，若商品呈椭圆形，可以使用椭圆工具创建路径来抠取商品图片。下面介绍通过绘制椭圆路径抠取商品的具体操作方法。

椭圆工具

Step 01 单击“文件”|“打开”命令，打开素材图像（素材\项目 4\圆盘.jpg），如图 4-64 所示。

Step 02 在工具箱中选取椭圆工具，在图像编辑窗口中的合适位置创建 1 个椭圆路径，如图 4-65 所示。

图 4-64 打开素材图像

图 4-65 创建 1 个椭圆路径

Step 03 按【Ctrl + T】组合键，对椭圆路径进行适当旋转和调整，如图 4-66 所示。

Step 04 按【Enter】键确认调整，按【Ctrl + Enter】组合键，将路径转换为选区，如图 4-67 所示。

图 4-66　旋转和调整路径

图 4-67　将路径转换为选区

Step 05 展开“图层”面板，按【Ctrl + J】组合键，得到“图层 1”图层，单击“背景”图层的“指示图层可见性”图标，如图 4-68 所示。

Step 06 执行上述操作后，即可隐藏“背景”图层，效果如图 4-69 所示。

图 4-68　单击“指示图层可见性”图标

图 4-69　最终效果

▶ 专家指点

在运用椭圆工具绘制路径时，按住【Shift】键的同时，在窗口中单击鼠标左键并拖曳，可绘制一个正圆形路径；如果按住【Alt】键的同时，在窗口中单击鼠标左键并拖曳，可绘制以起点为中心的椭圆形路径。

4.2.5　快速蒙版

快速蒙版

在处理商品图像时，若图片上商品颜色和背景颜色呈渐变色彩或阴影变化丰富，这时可通过快速蒙版抠取商品图像。

下面介绍通过快速蒙版抠取商品的具体操作方法。

Step 01 单击“文件”|“打开”命令，打开素材图像（素材\项目 4\玉镯.psd），如图 4-70 所示。

Step 02 在“路径”面板中，选择“工作路径”，如图 4-71 所示。

图 4-70 打开素材图像

图 4-71 选择“工作路径”

Step 03 按【Ctrl + Enter】组合键，将路径转换为选区，如图 4-72 所示。

Step 04 在工具箱底部，单击“以快速蒙版模式编辑”按钮，如图 4-73 所示。

图 4-72 将路径转换为选区

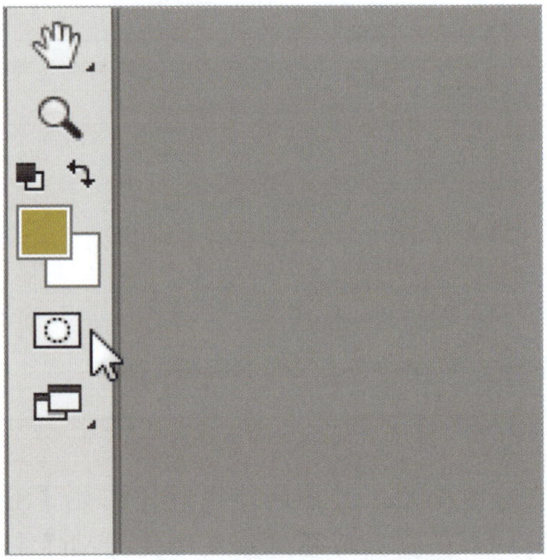

图 4-73 单击“以快速蒙版模式编辑”按钮

Step 05 执行上述操作后，即可启用快速蒙版，可以看到红色的保护区域，并可以看到少选的区域，如图 4-74 所示。

▶ 专家指点

一般使用“快速蒙版”模式都是从选区开始的，然后从中添加或者减去选区，以建立蒙版。使用快速蒙版可以通过绘图工具进行调整，以便创建复杂的选区。

Step 06　选取工具箱中的画笔工具，设置画笔“大小”为 20 像素、“硬度”为 100%，如图 4-75 所示。

图 4-74　启用快速蒙版

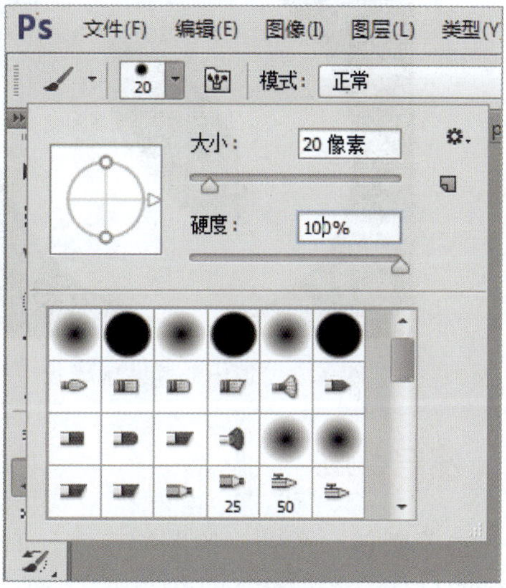

图 4-75　设置相应选项

Step 07　单击“设置前景色”按钮，弹出“拾色器（前景色）”对话框，设置前景色为黑色（RGB 值均为 0），如图 4-76 所示。

Step 08　单击“确定”按钮，移动鼠标至图像编辑窗口中，单击鼠标左键并拖曳，进行适当擦除，如图 4-77 所示。

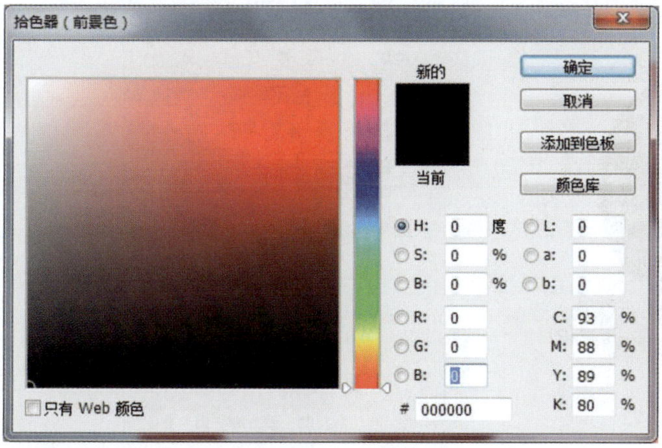

图 4-76　设置前景色为黑色

图 4-77　擦除图像

Step 09　在工具箱底部单击“以标准模式编辑”按钮，即退出快速蒙版模式，如图 4-78 所示。

Step 10　展开“图层”面板，按【Ctrl + J】组合键，拷贝新图层，并隐藏“背景”图层，效果如图 4-79 所示。

图 4-78　退出快速蒙版模式

图 4-79　最终效果

4.2.6　图层蒙版

图层蒙版以一个独立的图层存在，而且可以控制图层或图层组中不同区域的操作。图层蒙版是最重要的蒙版抠图工具。

图层蒙版

下面介绍通过图层蒙版抠取商品的具体操作方法。

Step 01　单击“文件”|“打开”命令，打开素材图像（素材\项目 4\罐子.psd），如图 4-80 所示。

Step 02　在“图层”面板中，选择“图层 1”图层，单击面板中的“添加图层蒙版”按钮，给当前图层添加图层蒙版，如图 4-81 所示。

图 4-80　打开素材图像

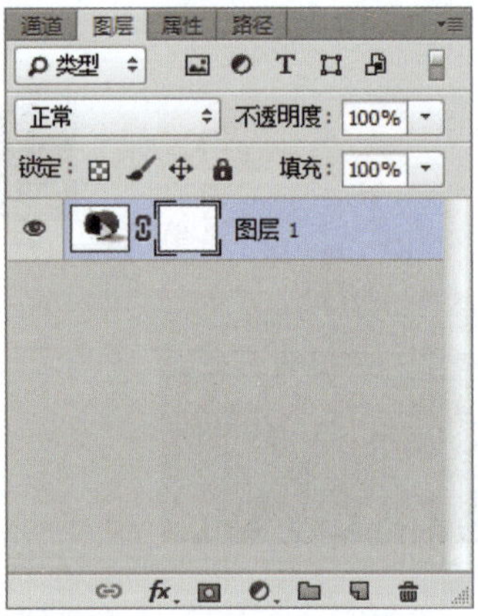

图 4-81　添加图层蒙版

Step 03　单击图层缩览图，按【Ctrl + A】组合键，全选图像，按【Ctrl + C】组合键，复制图像，按住【Alt】键的同时，单击图层蒙版缩览图，进入图层蒙版编辑状态，按【Ctrl + V】组合键，粘贴图像，按【Ctrl + D】组合键，取消选区，如图 4-82 所示。

Step 04　单击“设置前景色”按钮，弹出“拾色器（前景色）”对话框，设置前景色为黑色，选取画笔工具，设置画笔“大小”为 100 像素、“硬度”为 50，在图层蒙版中进行适当的涂抹，如图 4-83 所示。

图 4-82　取消选区

图 4-83　适当涂抹图像

Step 05　按【Ctrl + I】组合键，反相图层蒙版，如图 4-84 所示。

Step 06　选取减淡工具涂抹灰色区域，使灰色变成白色，如图 4-85 所示。

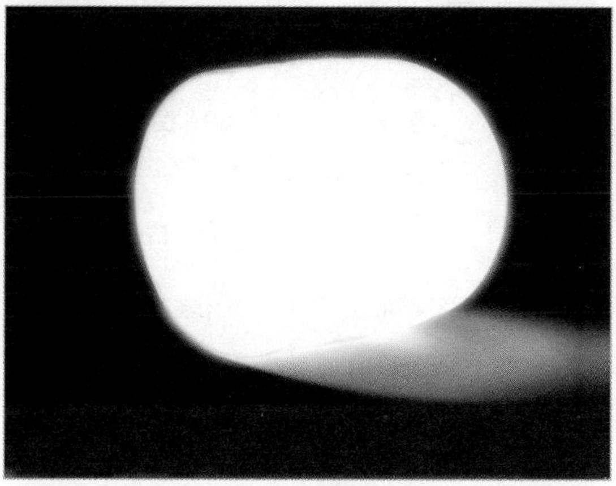

图 4-84　反相图层蒙版

图 4-85　涂抹灰色区域

Step 07　按住【Alt】键的同时，单击图层蒙版缩览图，退出图层蒙版编辑状态，完成抠图，效果如图 4-86 所示。

图 4-86　最终效果

4.2.7 矢量蒙版

矢量蒙版

在做商品图片美化时，若商品图像轮廓分明，可使用矢量蒙版抠取商品图像。矢量蒙版主要借助路径来创建，利用路径选择图像后，通过矢量蒙版可以快速进行图像的抠取。

下面介绍通过矢量蒙版抠取商品的具体操作方法。

Step 01 单击“文件”|“打开”命令，打开素材图像（素材\项目 4\口红.jpg），如图 4-87 所示。

Step 02 按【Ctrl + J】组合键，新建“图层 1”图层，如图 4-88 所示。

图 4-87 打开素材图像

图 4-88 新建“图层 1”图层

Step 03 展开“路径”面板，选择“工作路径”，如图 4-89 所示。

Step 04 在菜单栏中单击“图层”|“矢量蒙版”|“当前路径”命令，如图 4-90 所示。

图 4-89 选择“工作路径”

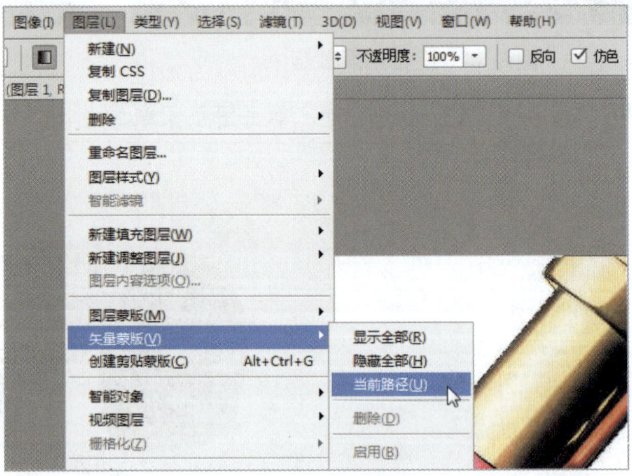

图 4-90 单击“当前路径”命令

Step 05 在“图层”面板，单击“背景”图层的“指示图层可见性”图标，如图 4-91 所示。

Step 06 执行上述操作后，即可隐藏“背景”图层，效果如图 4-92 所示。

图 4-91　单击“指示图层可见性”图标

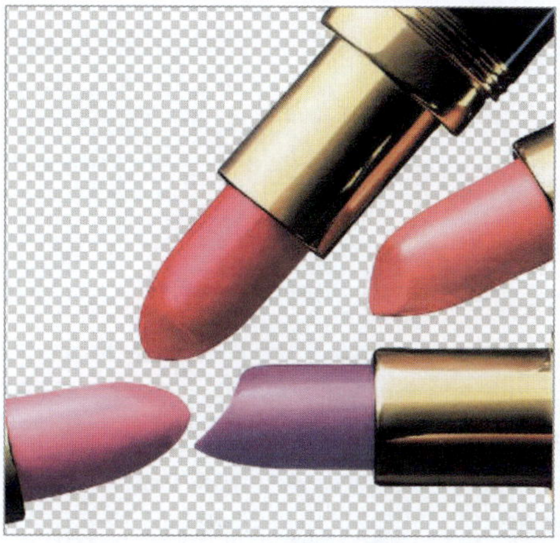

图 4-92　最终效果

4.2.8　通道对比

在进行抠图时，有些图像与背景过于相近，导致抠图不是那么方便，此时可以利用“通道”面板，结合其他命令对图像进行适当调整。

下面介绍运用通道对比抠取商品的具体操作方法。

通道对比

Step 01 单击“文件”|“打开”命令，打开素材图像（素材\项目 4\茶壶.jpg），如图 4-93 所示。

Step 02 展开“通道”面板，分别单击查看通道显示效果，拖动“红”通道至面板底部的“创建新通道”按钮上，复制一个通道，如图 4-94 所示。

图 4-93　打开素材图像

图 4-94　复制通道

Step 03 选择复制的“红 拷贝”通道，单击“图像”|“调整”|“亮度/对比度”命令，弹出“亮度/对比度”对话框，设置“亮度”为-20、“对比度”为 55，如图 4-95 所示。

Step 04 选取“快速选择工具”，设置画笔大小为 40 像素，在商品图像上拖曳鼠标创建选区，如果有多余的部分，单击工具属性栏中的“从选区减去”按钮，将画笔调小，减去多余部分，如图 4-96 所示。

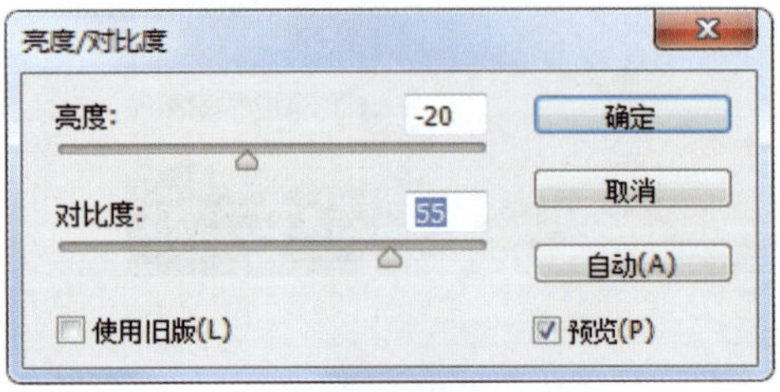

图 4-95　设置相应参数

图 4-96　创建选区

Step 05　在“通道”面板中单击 RGB 通道，退出通道模式，返回到 RGB 模式，如图 4-97 所示。

Step 06　按【Ctrl + J】组合键拷贝一个新的图层，并隐藏“背景”图层，如图 4-98 所示。

图 4-97　返回到 RGB 模式

图 4-98　最终效果

项目小结

本项目首先介绍了运用工具的抠图技巧，包括矩形选框工具、椭圆选框工具、磁性套索工具、橡皮擦工具、背景橡皮擦工具和魔术橡皮擦工具，以及魔棒工具等内容；其次介绍了商品图像的高级抠图技巧，包括钢笔绘制直线路径、钢笔绘制曲线路径、矩形工具、椭圆工具、快速蒙版、图层蒙版和矢量蒙版，以及通道对比抠图等内容。通过本项目的学习，学生能更好的掌握通道与蒙版的核心技能，制作出更加精彩的平面设计作品。

项 目 习 题

项目习题

鉴于本项目知识的重要性，为了帮助学生更好地掌握所学知识，本项目将通过上机习题，帮助学生进行简单的知识回顾和补充。

本习题需要掌握使用自由钢笔工具绘制曲线路径的方法，效果如图 4-99 所示。

（a）

（b）

图 4-99　素材与效果

项目 5　网店商品文字设计

项目概述

不管是在网店设计、还是在商品促销中，文字的使用是非常广泛的。通过对文字进行编排与设计，不但能够更有效的表现活动主题，还可以对商品图像起到美化的作用，从而使文字体现其引导价值，增强网店图像的视觉效果。本项目主要介绍网店文字编排设计技巧。

知识目标

➢ 掌握制作网店商品文字效果的技巧。
➢ 掌握制作商品文字的特殊效果的技巧。

素质目标

➢ 培养学生加工处理图片的能力，以达到良好的视觉效果和表现力。
➢ 培养学生灵活运用知识于实践的能力，增强创新和适应新技术的能力。

任务 1　网店商品文字效果

任务概述

在 Photoshop 中，提供了 4 种文字输入工具，分别为横排文字工具、直排文字工具、横排文字蒙版工具和直排文字蒙版工具，选择不同的文字工具会创建出不同类型的文字效果。

任务重点与实施

5.1.1　横排文字效果

在处理商品图片时，经常需要在商品图片上附上商品说明，这时可通过横排文字工具制作横排商品文字效果。

下面详细介绍制作横排商品文字效果的操作方法。

横排文字效果

Step 01 单击“文件”|“打开”命令，打开素材图像（素材\项目 5\糖果.jpg），如图 5-1 所示。

Step 02 在工具箱中选取横排文字工具，如图 5-2 所示。

图 5-1　打开素材图像

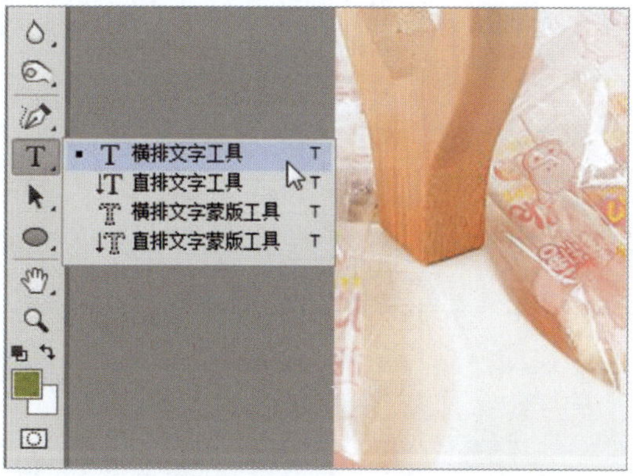

图 5-2　选取横排文字工具

Step 03 将鼠标移至图像编辑窗口中，单击鼠标左键确定文字的插入点，如图 5-3 所示。

Step 04 在工具属性栏中设置“字体”为“方正细黑一简体”“字体大小”为 10 点，如图 5-4 所示。

图 5-3　确定文字的插入点

图 5-4　设置相应选项

Step 05 在工具属性栏中单击“颜色”色块，弹出“拾色器（文本颜色）”对话框，设置颜色为深灰色（RGB 参数值均为 85），如图 5-5 所示。

Step 06 单击“确定”按钮后，输入文字，效果如图 5-6 所示。

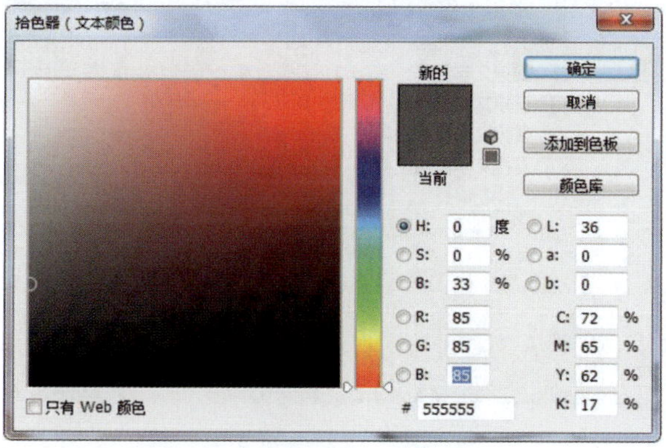

图 5-5　设置颜色为深灰色

图 5-6　输入文字

Step 07 单击工具属性栏右上侧的“提交所有当前编辑”按钮✓，即可结束当前文字输入，如图 5-7 所示。

Step 08 选取工具箱中的移动工具，将文字移动至合适位置，最终效果如图 5-8 所示。

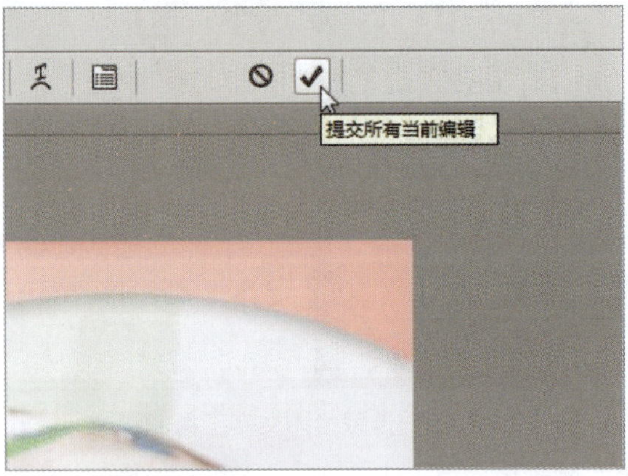

图 5-7 单击“提交所有当前编辑”按钮

图 5-8 最终效果

▶ 专家指点

不仅可以在工具属性栏中设置文字的字体、字号、文字颜色，以及文字样式等属性；还可以在“字符”面板中，设置文字的各种属性。

5.1.2 直排文字效果

直排文字效果

在做商品图片处理时，经常需要在商品图片上附上文字说明等，这时可通过直排文字工具制作直排商品文字效果。下面详细介绍制作直排商品文字效果的操作方法。

Step 01 单击“文件”|“打开”命令，打开素材图像（素材\项目 5\熨斗.jpg），如图 5-9 所示。

Step 02 在工具箱中选取直排文字工具，如图 5-10 所示。

图 5-9 打开素材图像

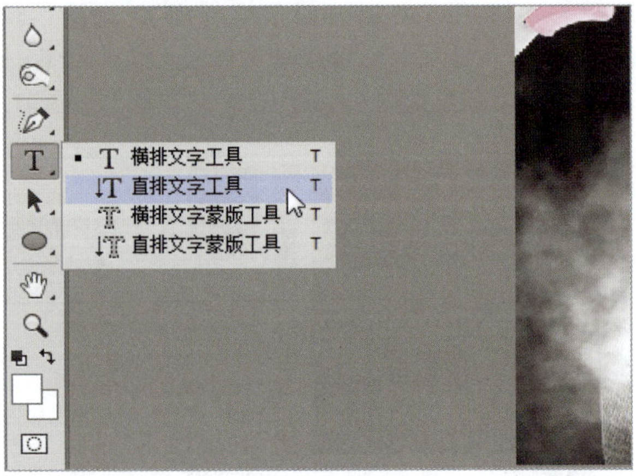

图 5-10 选取直排文字工具

Step 03 将鼠标移至图像编辑窗口中，单击鼠标左键确定文字的插入点，如图 5-11 所示。

Step 04 在工具属性栏中设置“字体”为“方正准圆简体”“字体大小”为 9 点，如图 5-12 所示。

图 5-11　确定文字的插入点

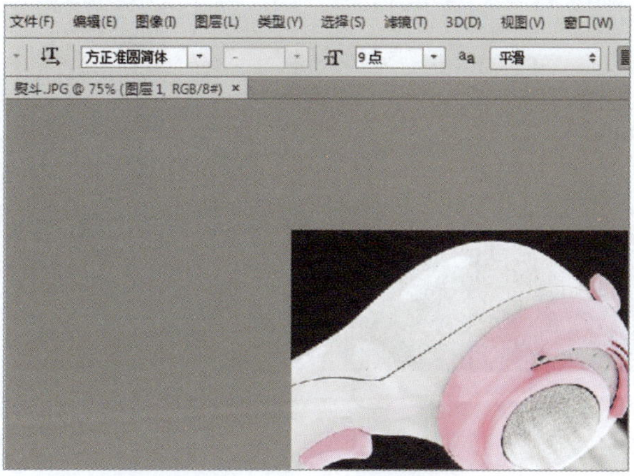

图 5-12　设置相应选项

Step 05 在工具属性栏中单击“颜色”色块，弹出“拾色器（文本颜色）”对话框，设置颜色为白色（RGB 参数值均为 255），如图 5-13 所示。

Step 06 单击“确定”按钮后，输入文字，效果如图 5-14 所示。

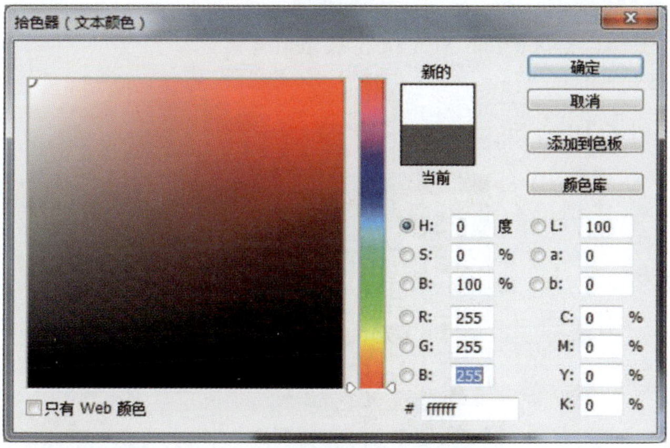

图 5-13　设置颜色为白色

图 5-14　输入文字

▶ 专家指点

【Ctrl + Enter】组合键，确认输入的文字，如果单击工具属性栏上的“取消所有当前编辑”按钮，则可以清除输入的文字。

Step 07 单击工具属性栏右上侧的“提交所有当前编辑”按钮✓，即可结束当前文字输入，如图 5-15 所示。

Step 08 选取工具箱中的移动工具，将文字移动至合适位置，最终效果如图 5-16 所示。

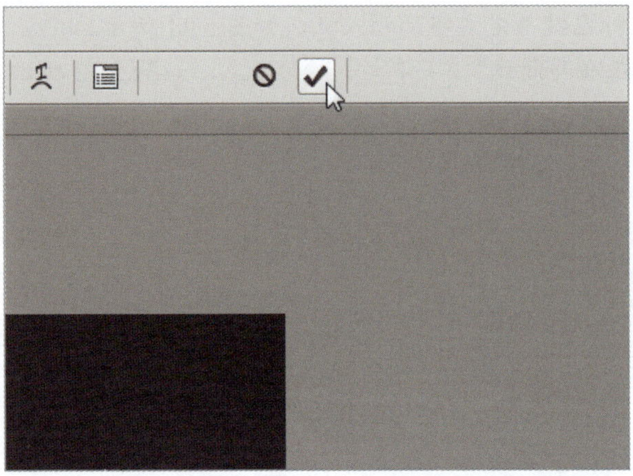

图 5-15　单击“提交所有当前编辑”按钮

图 5-16　最终效果

5.1.3　文字的水平与垂直方向

文字的水平与垂直方向

在做商品图片后期处理时，若想改变商品文字显示效果，可以通过文字水平和垂直互换来实现。下面详细介绍商品文字水平和垂直互换的操作方法。

Step 01　单击“文件”|“打开”命令，打开素材图像（素材\项目 5\藤枝 5 枝.psd），如图 5-17 所示。

Step 02　在“图层”面板选择文字图层，如图 5-18 所示。

图 5-17　打开素材图像

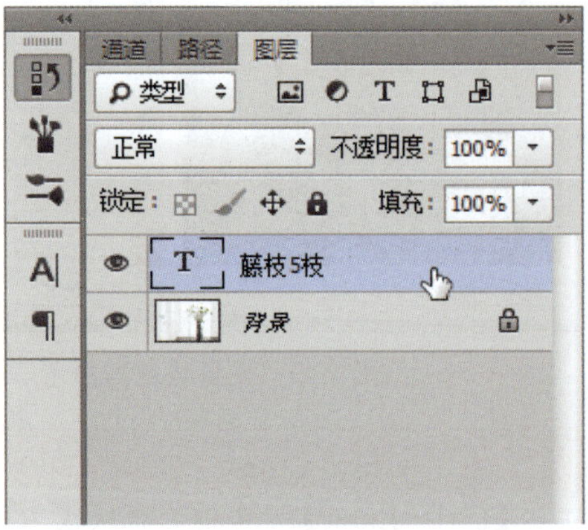

图 5-18　选择文字图层

Step 03　选取工具箱中的横排文字工具，在工具属性栏中，单击“更改文本取向”按钮，如图 5-19 所示。

Step 04　执行操作后，即可更改文本的排列方向，切换至移动工具，调整文字的位置，效果如图 5-20 所示。

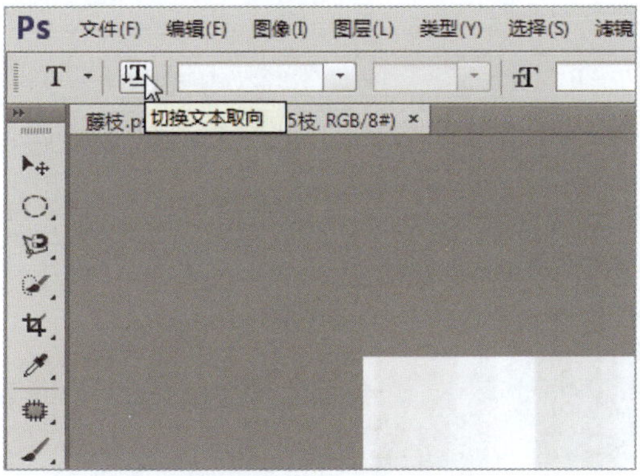

图 5-19　单击“更改文本取向”按钮

图 5-20　最终效果

5.1.4　文字蒙版

在处理商品图片时，经常需要在商品图片上注明文字说明，以达到宣传效果，这时可通过横排文字蒙版工具制作商品文字效果。

下面详细介绍制作横排商品文字蒙版效果的操作方法。

文字蒙版

Step 01 单击“文件”|“打开”命令，打开素材图像（素材\项目 5\手表.jpg），如图 5-21 所示。

Step 02 在工具箱中选取横排文字蒙版工具，如图 5-22 所示。

图 5-21　打开素材图像

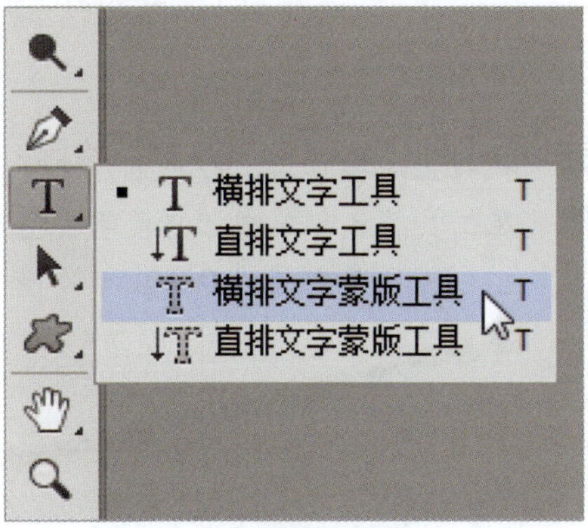

图 5-22　选取横排文字蒙版工具

Step 03 将鼠标移动至图像编辑窗口中，单击鼠标左键确定文字的插入点，此时图像呈淡红色，如图 5-23 所示。

Step 04 在工具属性栏中，设置“字体”为“华文新魏”“字体大小”为 14 点，如图 5-24 所示。

Step 05 设置好参数后，输入文字，此时输入的文字呈实体显示，如图 5-25 所示。

Step 06 单击工具属性栏右侧的“提交所有当前编辑”按钮✓，即可结束当前文字输入，如图 5-26 所示。

图 5-23　确定文字插入点

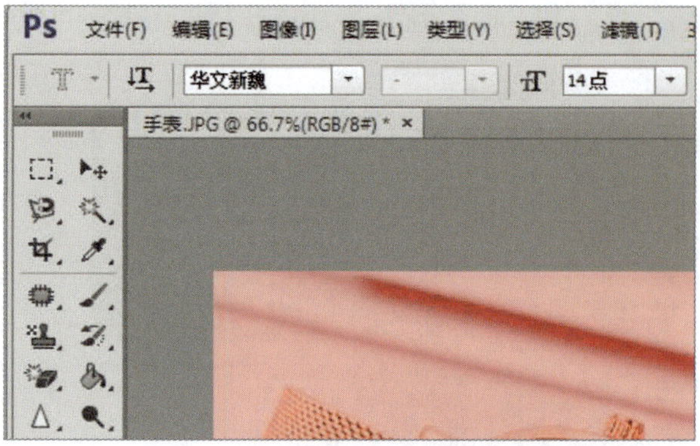

图 5-24　设置相应选项

图 5-25　输入文字

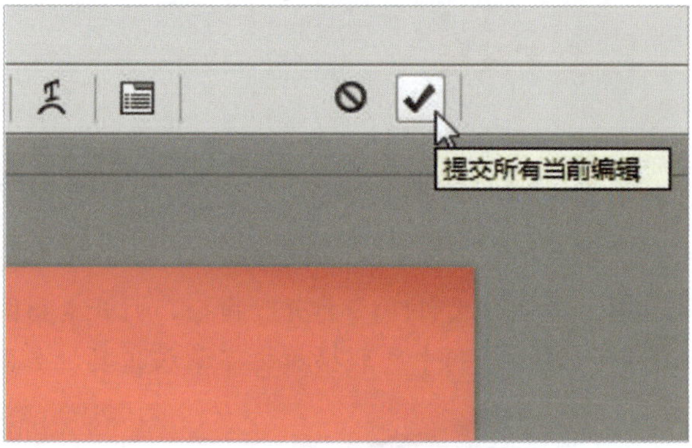

图 5-26　单击“提交所有当前编辑”按钮

Step 07　执行上述操作后，即可创建文字选区，效果如图 5-27 所示。

Step 08　在工具箱底部单击“前景色”色块，弹出“拾色器（前景色）”对话框，设置前景色为黑色（RGB 参数值为 0、0、0），如图 5-28 所示。

图 5-27　创建文字选区

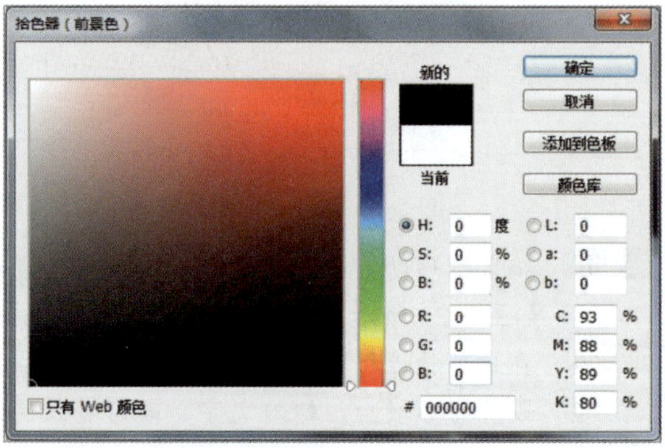

图 5-28　设置前景色为黑色

Step 09　单击“确定”按钮，按【Alt + Delete】组合键为选区填充前景色，如图 5-29 所示。

Step 10　按【Ctrl + D】组合键取消选区，输入文字效果如图 5-30 所示。

图 5-29　为选区填充前景色

图 5-30　最终效果

5.1.5　段落文字效果

段落文字效果

在处理商品图片时，经常需要在商品图片上附上文字说明或商品描述等，若输入文字较多，这时可通过输入段落文字制作商品文字描述段落输入。

下面详细介绍输入段落商品文字的操作方法。

Step 01　单击“文件”|“打开”命令，打开素材图像（素材\项目 5\四件套.jpg），如图 5-31 所示。

Step 02　在工具箱中选取横排文字工具，如图 5-32 所示。

图 5-31　打开素材图像

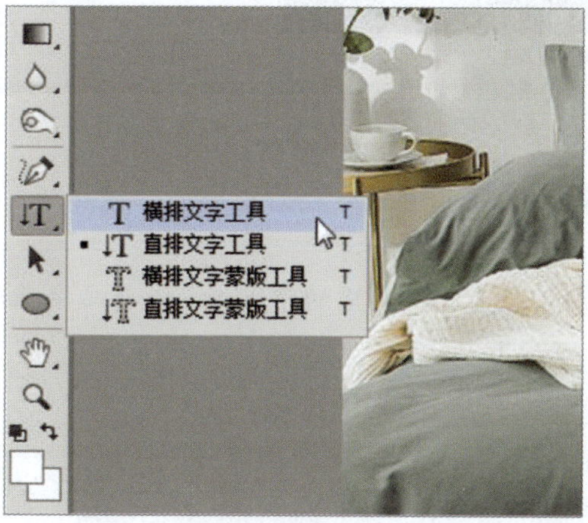

图 5-32　选取横排文字工具

Step 03　将鼠标移至图像编辑窗口中，单击鼠标左键并拖曳鼠标至合适位置，释放鼠标即可创建一个文本框，如图 5-33 所示。

Step 04　在工具属性栏中设置“字体”为“方正准圆简体”“字体大小”为 7 点，如图 5-34 所示。

Step 05　在工具属性栏中单击“颜色”色块，弹出“拾色器（文本颜色）”对话框，设置颜色为深灰色（RGB 参数值均为 56），如图 5-35 所示。

Step 06　单击“确定”按钮后，输入文字，效果如图 5-36 所示。

图 5-33　创建文本框

图 5-34　设置相应选项

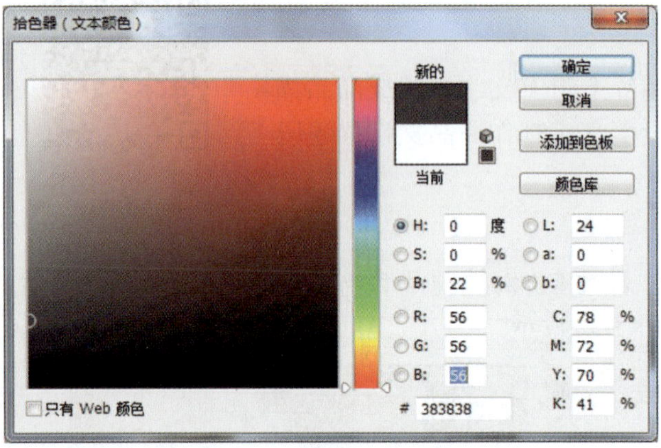

图 5-35　设置颜色为深灰色

图 5-36　输入文字

Step 07　单击工具属性栏右上侧的“提交所有当前编辑”按钮✓，即可结束当前文字输入，如图 5-37 所示。

Step 08　选取工具箱中的移动工具，将文字移动至合适位置，最终效果如图 5-38 所示。

图 5-37　单击“提交所有当前编辑”按钮

图 5-38　最终效果

5.1.6　文字段落属性

文字段落属性

在做商品图片后期处理时，经常会在商品图片上添加商品描述，若想改变商品描述段落文字显示效果，可以通过设置文字段落属性来实现。下面详细介绍设置商品文字段落属性的操作方法。

Step 01　单击“文件”|“打开”命令，打开素材图像（素材\项目 5\拖鞋.psd），如图 5-39 所示。

Step 02　在“图层”面板中，选择文字图层，如图 5-40 所示。

图 5-39　打开素材图像

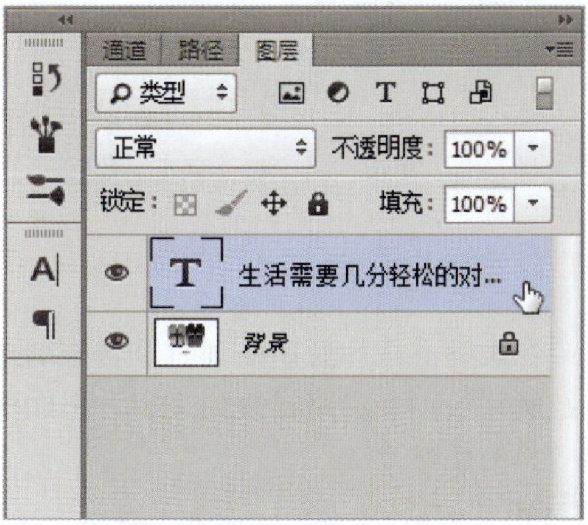

图 5-40　选择文字图层

Step 03　在菜单栏中单击“窗口”|“段落”命令，如图 5-41 所示。

Step 04　执行上述操作后，即可展开“段落”面板，如图 5-42 所示。

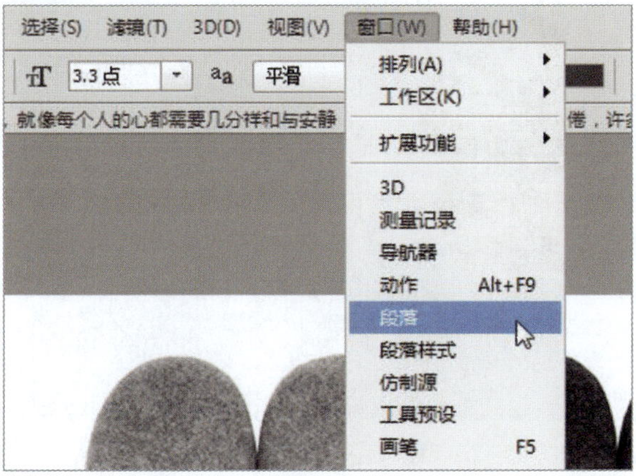

图 5-41　单击“段落”命令

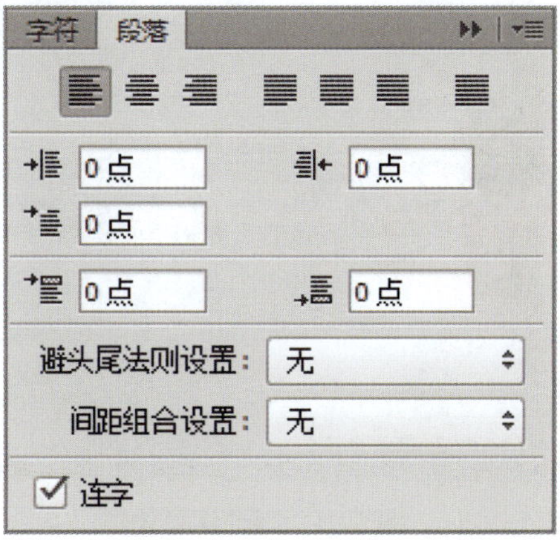

图 5-42　展开“段落”面板

Step 05　单击“居中对齐文本”按钮，如图 5-43 所示。

Step 06　执行上述操作后，即可更改文字段落属性，再使用移动工具进行调整，效果如图 5-44 所示。

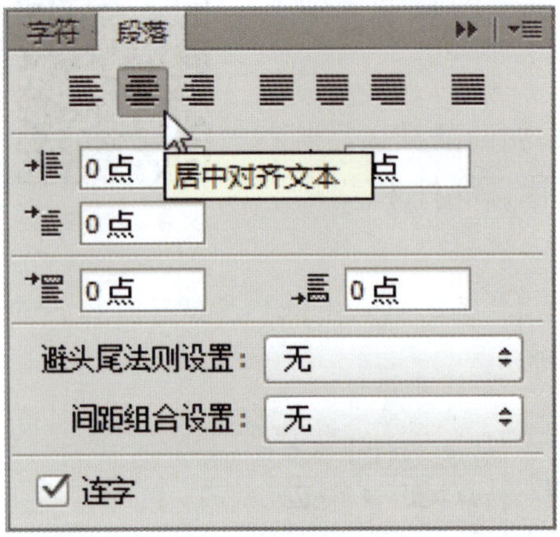

图 5-43　单击“居中对齐文本”按钮

图 5-44　最终效果

5.1.7　路径排列

在做商品图片后期处理时，若想制作商品文字特殊排列效果，可通过绘制路径，并沿路径排列文字。下面详细介绍制作商品文字沿路径排列效果的操作方法。

路径排列

Step 01　单击“文件”|“打开”命令，打开素材图像（素材\项目 5\捕梦网.jpg），如图 5-45 所示。

Step 02　在工具箱中选取钢笔工具，在图像编辑窗口中的合适位置绘制一条曲线路径，如图 5-46 所示。

图 5-45　打开素材图像

图 5-46　绘制曲线路径

> ▶ 专家指点
>
> 沿路径输入文字时，文字将沿着描点添加到路径方向。如果在路径上输入横排文字，文字方向将与基线垂直；当在路径上输入直排文字时，文字方向将与基线平行。

Step 03　选取工具箱中的横排文字工具，在路径上单击鼠标左键，确定文字输入点，如图 5-47 所示。

Step 04 在工具属性栏中，设置“字体”为“方正中倩简体”“字体大小”为 20 点，如图 5-48 所示。

图 5-47　确定文字输入点

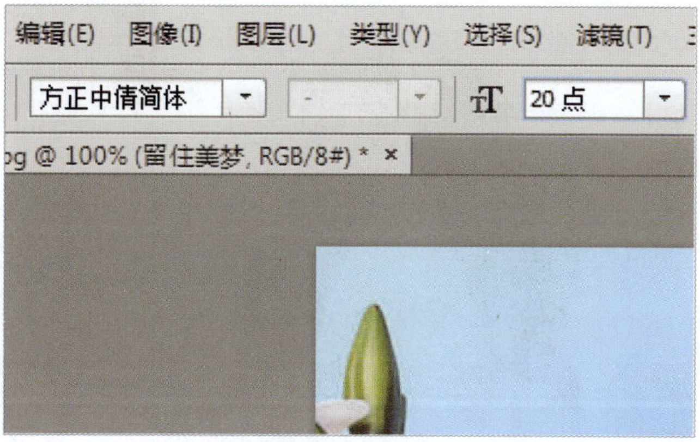

图 5-48　设置相应选项

Step 05 在工具属性栏中单击“颜色”色块，弹出“拾色器（文本颜色）”对话框，设置颜色为黄色（RGB 参数值分别为 255、255、91），如图 5-49 所示。

Step 06 单击“确定”按钮后，输入文字，按【Ctrl + Enter】组合键，确认文字输入，并隐藏路径，效果如图 5-50 所示。

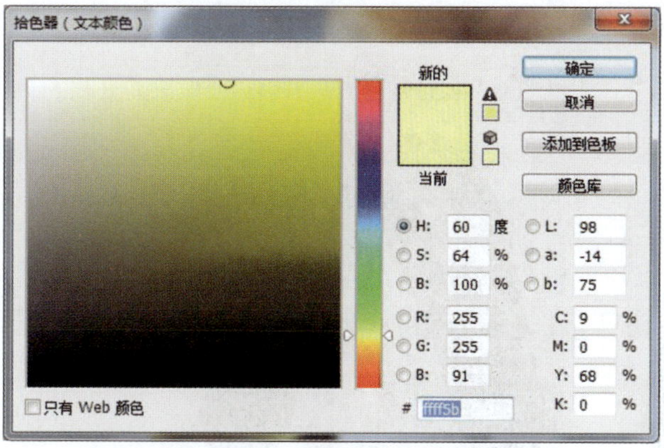

图 5-49　设置颜色为黄色

图 5-50　最终效果

5.1.8　文字路径

在做商品图片后期处理时，若想改变商品文字位置排列效果，可通过路径选择工具，调整文字在路径上的起始位置来改变文字的位置排列。

下面详细介绍调整商品文字位置的排列的操作方法。

文字路径

Step 01 单击“文件”|“打开”命令，打开素材图像（素材\项目 5\皮鞋.psd），如图 5-51 所示。

Step 02 在“图层”面板中选择文字图层，展开“路径”面板，在“路径”面板中，选择文字路径，如图 5-52 所示。

图 5-51　打开素材图像

图 5-52　选择文字路径

Step 03　选取工具箱中的路径选择工具，移动鼠标至图像编辑窗口中的文字路径上，单击鼠标左键，如图 5-53 所示。

Step 04　执行上述操作后，按【Enter】键确认，即可调整文字位置排列，调整位置后的效果如图 5-54 所示。

图 5-53　单击鼠标

图 5-54　最终效果

任务 2　网店商品文字特殊效果的设计

任务概述

在设计网店商品图像的文字效果时，将文字转换为路径、形状、图像、矢量智能对象后，用户可以添加描边、调整文字的形状、使用滤镜、使用发光效果或叠加颜色等操作。

任务重点与实施

5.2.1　制作变形文字

制作变形文字

当网店卖家在做商品图片处理时，经常在商品图片上添加文字描述，这时可使用变形文字，使画面显得更美观，很容易就能引起买家的注意。

下面详细介绍制作商品文字变形样式的操作方法。

Step 01　单击“文件”|“打开”命令，打开素材图像（素材\项目 5\罐头.jpg），如图 5-55 所示。

Step 02　在工具箱中选取横排文字工具，在工具属性栏中设置“字体”为“方正大黑简体”“字体大小”为 10 点、“设置取消锯齿的方法”为“平滑”，如图 5-56 所示。

图 5-55　打开素材图像

图 5-56　设置相应选项

Step 03　在工具属性栏中单击“颜色”色块，弹出“拾色器（文本颜色）”对话框，设置颜色为白色（RGB 参数值均为 255），如图 5-57 所示。

Step 04　单击“确定”按钮后，将鼠标移至图像编辑窗口中，单击鼠标左键并输入文字，按【Ctrl + Enter】组合键，确认文字输入，如图 5-58 所示。

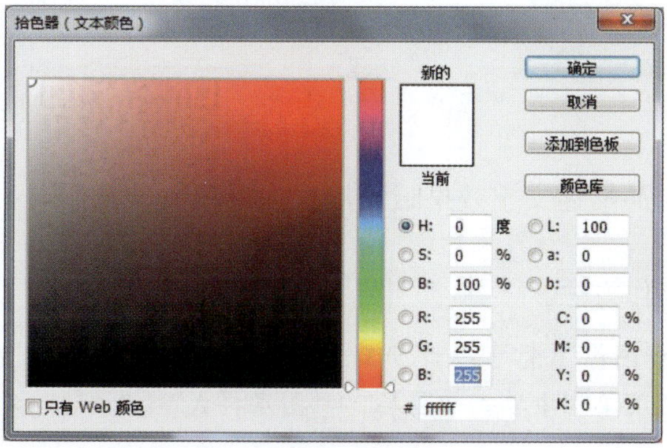

图 5-57　设置颜色为白色

图 5-58　输入文字

Step 05　在菜单栏中单击“类型”|“文字变形”命令，如图 5-59 所示。

Step 06 执行上述操作后，即可弹出“变形文字”对话框，在“变形文字”对话框中，设置“样式”为“凸起”“弯曲”为 15%，其他参数均保持默认即可，如图 5-60 所示。

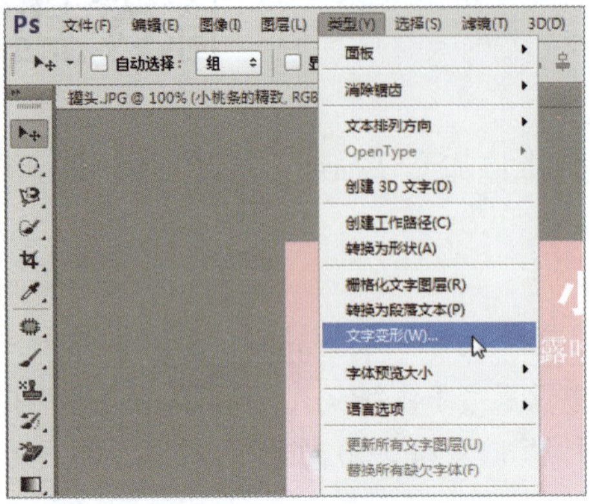

图 5-59　单击“文字变形”命令

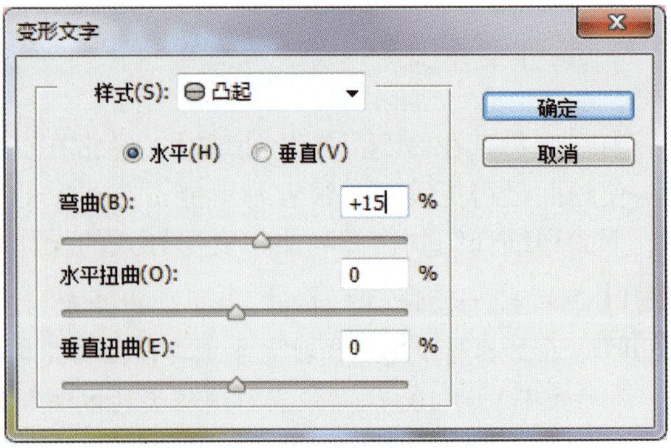

图 5-60　设置参数

Step 07 单击“确定”按钮，即可完成变形文字的设置，效果如图 5-61 所示。

图 5-61　最终效果

5.2.2　制作文字描边

网店卖家在做商品图片处理时，若觉得商品描述文字效果暗淡，这时可制作文字描边效果，提升文字显示效果。

下面详细介绍制作商品文字描边效果的操作方法。

制作文字描边

Step 01 单击“文件”|“打开”命令，打开素材图像（素材\项目 5\玉.psd），如图 5-62 所示。

Step 02 展开“图层”面板，选择文字图层，在菜单栏中单击“图层”|“图层样式”|“描边”命令，如图 5-63 所示。

图 5-62　打开素材图像

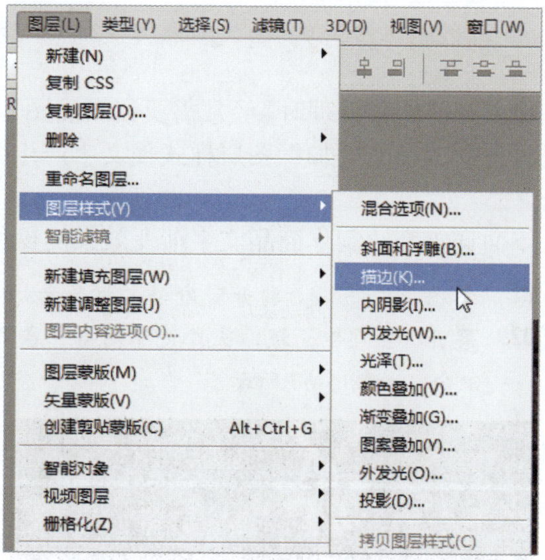

图 5-63　单击“描边”命令

▶ 专家指点

在将文字转换为路径后，原文字属性不变，产生的工作路径可以应用填充和描边，或者通过调整描点得到变形文字。在“图层”面板中选择文字图层，单击鼠标右键，选择“创建工作路径”选项，可以制作文字路径。

Step 03　执行上述操作后，即可弹出“图层样式”对话框，设置“大小”为 1 像素、“位置”为“外部”“颜色”为白色（RGB 参数值均为 255），如图 5-64 所示。

Step 04　单击“确定”按钮，即可制作文字描边效果，效果如图 5-65 所示。

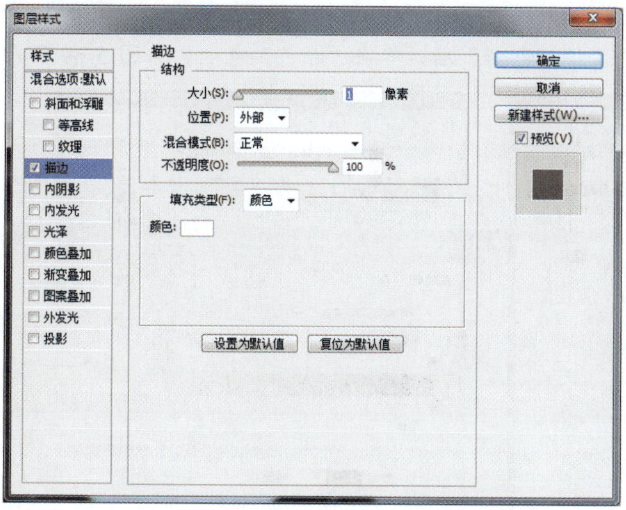

图 5-64　设置相应选项

图 5-65　最终效果

5.2.3 制作颜色渐变

在做商品图片处理时，经常需要在商品图像上添加文字做宣传效果，这时可使用“渐变叠加”图层样式使文字产生颜色渐变，使画面更丰富多彩。

制作颜色渐变

下面详细介绍制作商品文字渐变效果的操作方法。

Step 01 单击“文件”|“打开”命令，打开素材图像（素材\项目 5\挂饰.psd），如图 5-66 所示。

Step 02 展开“图层”面板，选择文字图层，在菜单栏中单击“图层”|“图层样式”|“渐变叠加”命令，如图 5-67 所示。

图 5-66　打开素材图像

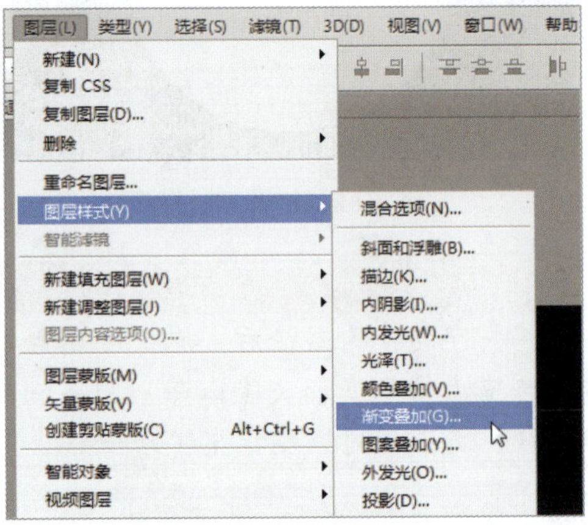

图 5-67　单击“渐变叠加”命令

Step 03 执行上述操作后，即可弹出“图层样式”对话框，单击“点按可编辑渐变”色块，如图 5-68 所示。

Step 04 弹出“渐变编辑器”对话框，单击左边“色标”后，单击“颜色”色块，如图 5-69 所示。

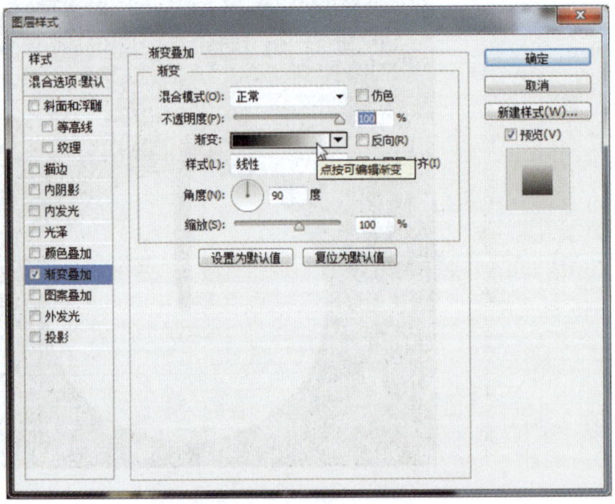

图 5-68　单击“点按可编辑渐变”色块

图 5-69　单击“颜色”色块

Step 05 弹出“拾色器（色标颜色）”对话框，设置 RGB 参数值分别为 87、106、249，如图 5-70 所示。

Step 06　单击“确定”按钮，重复以上操作设置右边“色标”为黄色（RGB 参数值分别为 253、198、5），如图 5-71 所示。

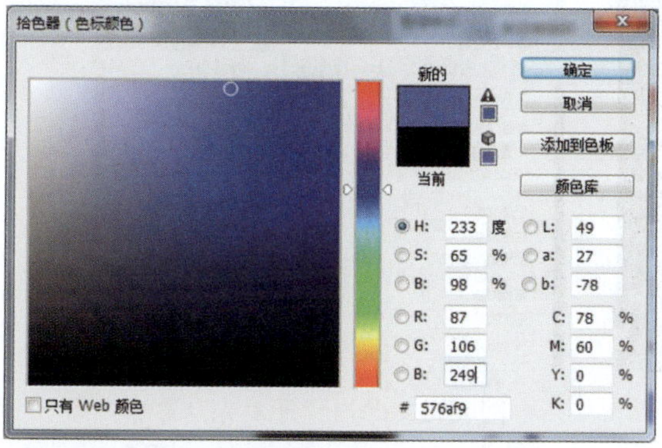

图 5-70　设置左边“色标”颜色

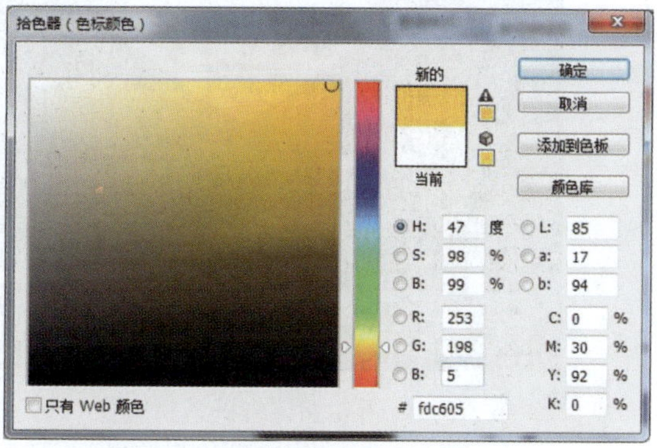

图 5-71　设置右边“色标”颜色

Step 07　单击“确定”按钮后，即可返回“渐变编辑器”对话框，单击“确定”按钮，返回“图层样式”对话框，如图 5-72 所示。

Step 08　单击“确定”按钮，即可制作文字渐变效果，如图 5-73 所示。

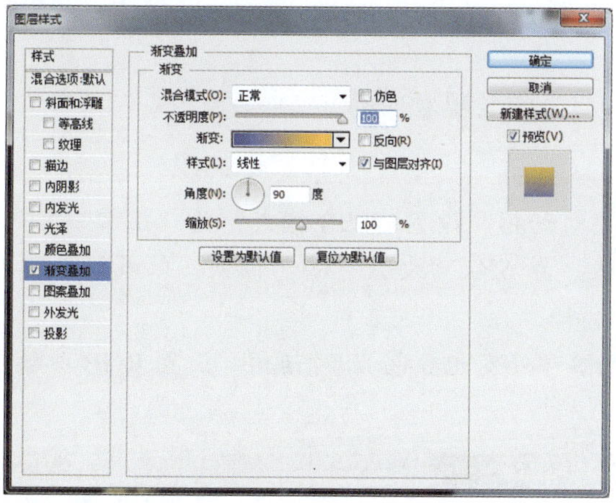

图 5-72　返回“图层样式”对话框

图 5-73　最终效果

5.2.4　制作发光效果

网店卖家在做商品图片后期处理时，经常需要在商品图片上添加文字描述，若想使文字更加惹人注目，可制作文字发光效果来吸引顾客的目光。

制作发光效果

下面详细介绍制作商品文字发光效果的操作方法。

Step 01　单击“文件”|“打开”命令，打开素材图像（素材\项目 5\钻石.psd），如图 5-74 所示。

Step 02　展开“图层”面板，选择文字图层，在菜单栏中单击“图层”|“图层样式”|“外发光”命令，如图 5-75 所示。

图 5-74　打开素材图像

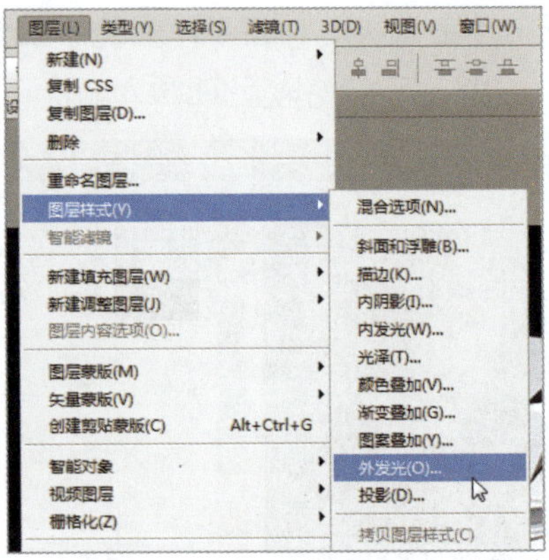

图 5-75　单击“外发光”命令

▶ 专家指点

“图层样式”对话框各选项的主要含义如下。

混合模式： 用来设置发光效果与下面图层的混合方式。

发光颜色： 可以通过颜色色块和颜色条来设置图层样式的发光颜色。

方法： 用来设置发光的方法，以控制发光的准确度。

扩展： 用来模糊外发光的杂边边界。

杂色： 可以在发光效果中添加随机的杂色，使光晕呈现颗粒感。

大小： 用来设置光晕范围的大小。

Step 03　执行上述操作后，即可弹出“图层样式”对话框，设置“混合模式”为“正常”“不透明度”为 52%、“方法”为“精确”“扩展”为 5%、“大小”为 7 像素，效果如图 5-76 所示。

Step 04　单击“设置发光颜色”色块，弹出“拾色器（外发光颜色）”对话框，设置 RGB 参数值分别为 216、224、243，如图 5-77 所示。

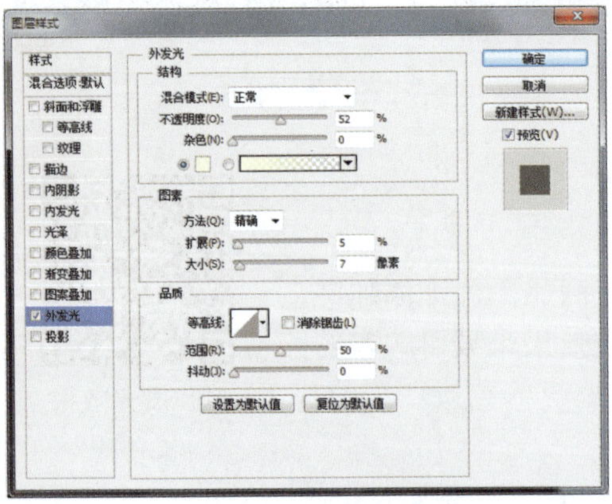

图 5-76　设置参数

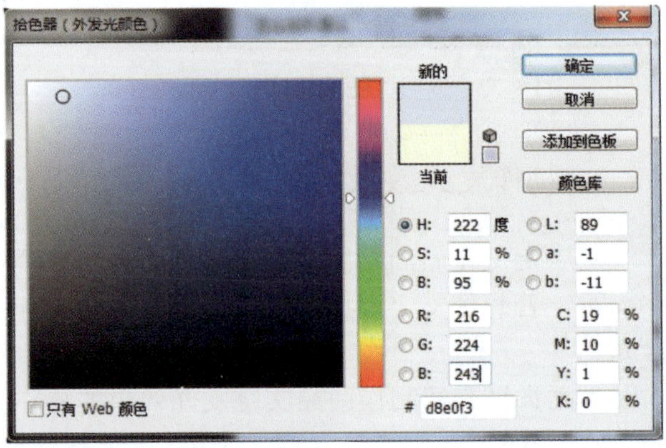

图 5-77　设置 RGB 参数

Step 05　单击“确定”按钮，返回“图层样式”对话框，即可更改发光颜色，如图 5-78 所示。

Step 06　单击“确定”按钮，即可制作文字发光效果，如图 5-79 所示。

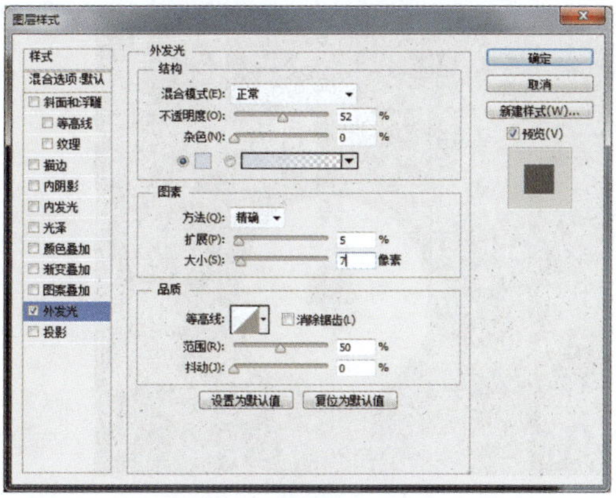

图 5-78　更改发光颜色

图 5-79　最终效果

5.2.5　制作颜色叠加

制作颜色叠加

在做商品图片处理时，经常需要在商品图片上添加网店活动来吸引目光，若想改变文字颜色效果，可使用“颜色叠加”图层样式改变文字颜色。下面详细介绍制作商品文字颜色效果的操作方法。

Step 01　单击“文件”|“打开”命令，打开素材图像（素材\项目 5\配饰.psd），如图 5-80 所示。

Step 02　展开“图层”面板，选择文字图层，在菜单栏中单击“图层”|“图层样式”|“颜色叠加”命令，如图 5-81 所示。

图 5-80　打开素材图像

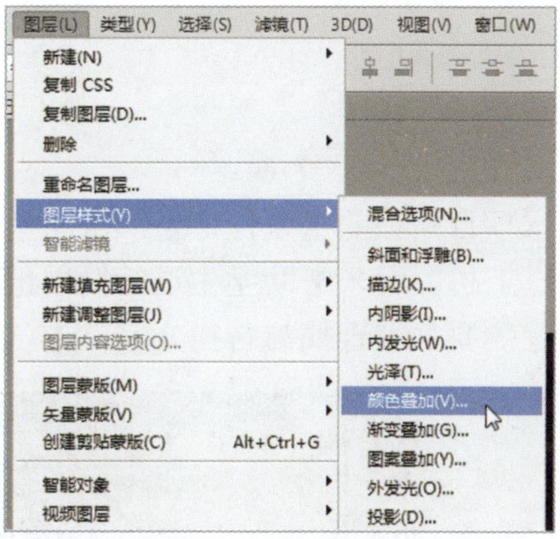

图 5-81　单击“颜色叠加”命令

▶ 专家指点

除了上述方法可以弹出“图层样式”对话框外，还可在“图层”面板中选择文字图层，单击鼠标右键，选择“混合选项”，弹出“图层样式”对话框，选中“渐变叠加”复选框。

Step 03　执行上述操作后，即可弹出“图层样式”对话框，设置“颜色”为黄色（RGB 参数值分别为 244、213、53）、“不透明度”为 100%，如图 5-82 所示。

Step 04　单击“确定”按钮，即可改变文字颜色效果，效果如图 5-83 所示。

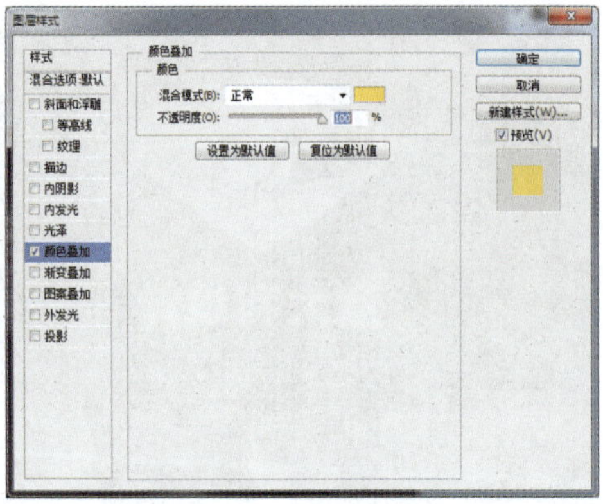

图 5-82 设置相应选项

图 5-83 最终效果

项 目 小 结

本项目首先介绍了制作网店商品文字的方法，包括制作横排文字、直排文字和段落文字等，并通过一系列的工具调整商品文字的效果；其次介绍了制作商品文字的特殊效果，包括制作变形文字、描边文字、颜色渐变、发光效果，以及颜色叠加等内容。通过本项目的学习，学生能够熟练掌握网店的文字排版技巧，灵活运用横排文字工具、直排文字工具，以及变形文字的多种命令，制作出更多漂亮的商品文字效果。

项 目 习 题

项目习题

鉴于本项目知识的重要性，为了帮助学生更好地掌握所学知识，本项目将通过上机习题，帮助学生进行简单的知识回顾和补充。

本习题需要掌握查找与替换文字的方法，效果如图 5-84 所示。

（a） （b）

图 5-84 素材与效果

项目 6　网店商品广告制作技巧

项目概述

一幅精美的图像需要一个合适的特效。数码摄影时代的来临已经势不可挡，而数码相机的普及为摄影者累积素材提供了更加快捷的方法。比如添加特效除了能让照片更加出彩外，还可以表达出一种艺术情感。本项目主要介绍淘宝广告图片特效的设计。

知识目标

- 了解广告特性制作的相关知识。
- 掌握制作商品广告特效的技巧。
- 熟练运用各种相关工具、添加特效效果。

素质目标

- 培养学生提高综合素质，具备良好的沟通能力、自信、耐心、善于倾听。
- 培养学生爱岗敬业，严谨务实的工作态度。

任务 1　制作网店商品广告特效

TASK 任务概述

网店的广泛与普及，让消费者有了更多的选择，对于网店网店的主人来说，如何抓住消费者的心，如何吸引消费者进行购买是首要考虑的问题，而作为“门面”的网店商品展示则是重中之重。本任务主要介绍制作广告商品图片特效的方法。

TASK 任务重点与实施

运用怀旧特效

6.1.1　运用怀旧特效

怀旧特效是淘宝商品图像调色比较常用的一种特效，通过调亮画面并增强画面色调倾向，借助温暖华丽的画面色调烘托人物气质，即可让图像中主体人物的个性特质更加突出，从而增强照片典雅华贵的魅力。

Step 01 单击“文件”|“打开”命令，打开素材图像（素材\项目 6\钟表.jpg），如图 6-1 所示。

Step 02 新建“渐变映射 1”调整图层，展开“属性”面板，设置“点按可编辑渐变”为黑白渐变，如图 6-2 所示。

图 6-1　打开素材图像

图 6-2　设置黑白渐变

Step 03 新建“照片滤镜 1”调整图层，如图 6-3 所示。

Step 04 在“属性”面板中，选中“保留明度”复选框，设置“滤镜”为“加温滤镜（85）”“浓度”为 25%，如图 6-4 所示。

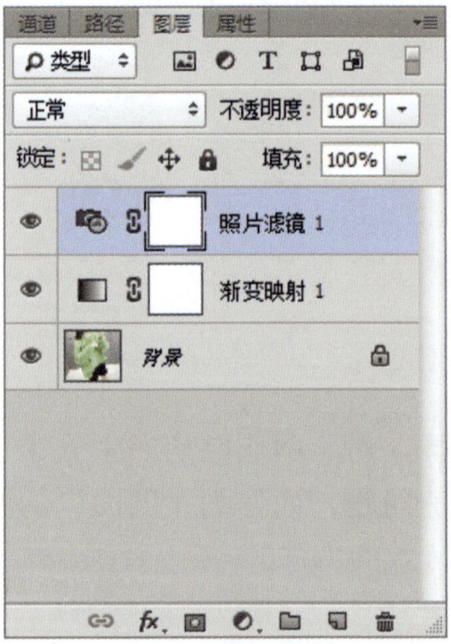

图 6-3　调整图层

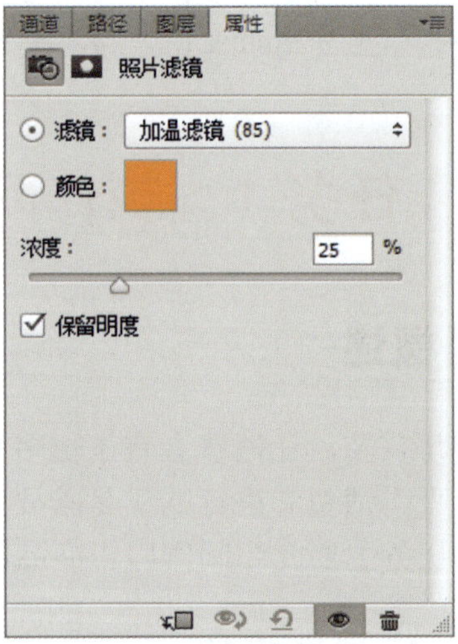

图 6-4　设置各选项

Step 05 新建“曲线 1”调整图层，展开“属性”面板，设置左下方第 1 个点“输入”和“输出”值分别为 79、58，如图 6-5 所示。

Step 06 设置右上方第 2 点“输入”和“输出”值分别为 180、150，如图 6-6 所示。

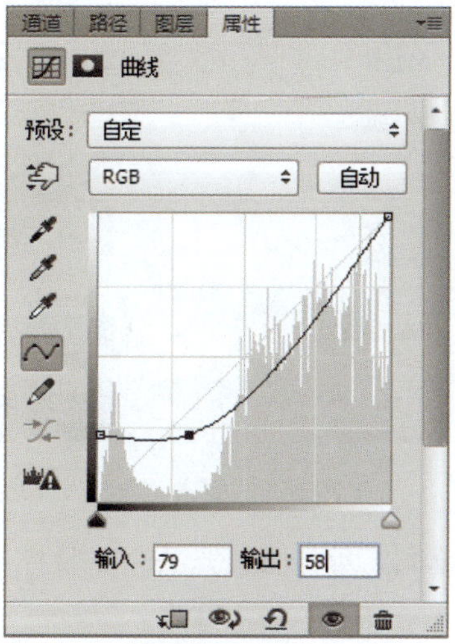

图 6-5　设置参数（1）

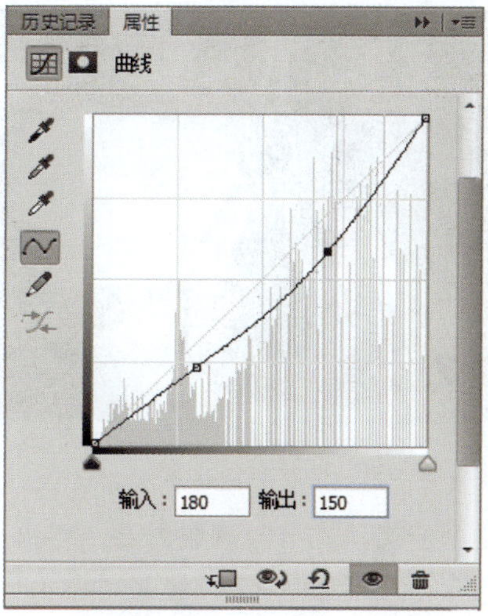

图 6-6　设置参数（2）

Step 07　执行上述操作后，即可完成怀旧特效的制作，效果如图 6-7 所示。

图 6-7　最终效果

6.1.2　运用暖黄特效

运用暖黄特效

普通的色调会使商品图像的表现效果比较平淡，而图像调整为暖黄色调，可以使图像看上去更温馨、强烈、别具风采。

Step 01　单击“文件”|“打开”命令，打开素材图像（素材\项目 6\红宝石.jpg），如图 6-8 所示。

Step 02　单击“图层”|“新建填充图层”|“渐变”命令，如图 6-9 所示。

图 6-8　打开素材图像

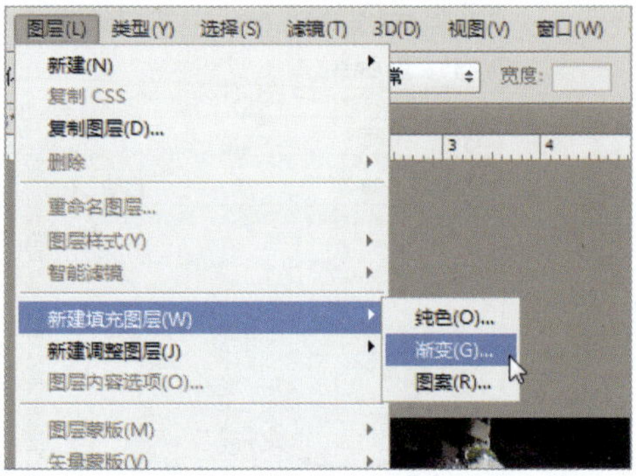

图 6-9　单击“渐变”命令

Step 03　新建“渐变填充 1”调整图层，弹出“渐变填充”对话框，点击“点按可编辑渐变”色块，选择“铜色渐变”，设置“样式”为线性、“角度”为 140 度、“缩放”为 169%，选中“与图层对齐”复选框，如图 6-10 所示。

Step 04　单击“确定”按钮，设置“渐变填充 1”调整图层的混合模式为“叠加”模式，如图 6-11 所示。

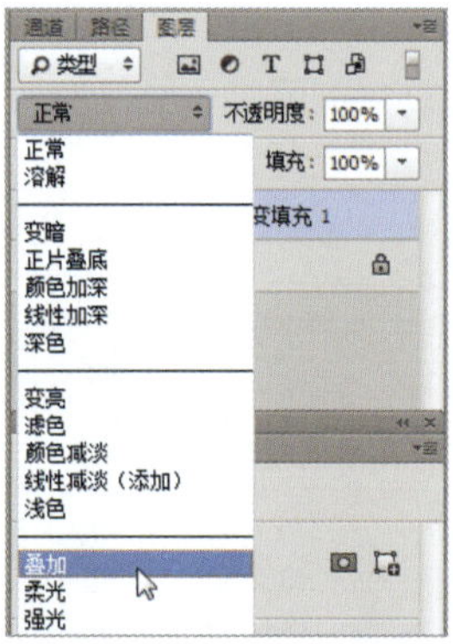

图 6-10　设置各选项参数　　图 6-11　设置混合模式

Step 05　执行上述操作后，设置图层“不透明度”为 50%，如图 6-12 所示。

Step 06　新建“颜色填充 1”调整图层，弹出“拾色器（纯色）”对话框，设置 RGB 参数值分别为 255、204、0，如图 6-13 所示。

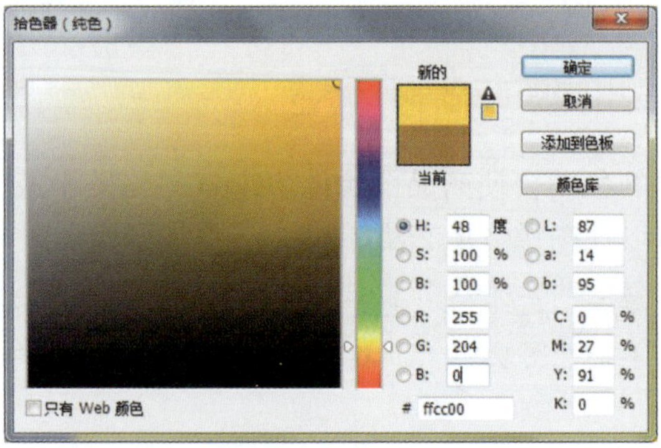

图 6-12　设置图层“不透明度”　　图 6-13　设置 RGB 参数值

Step 07　单击“确定”按钮，设置“颜色填充 1”调整图层的混合模式为“柔光”模式、“不透明度”为 60%，如图 6-14 所示。

Step 08　执行操作后，即可调整图像的色调，完成暖黄特效的制作，效果如图 6-15 所示。

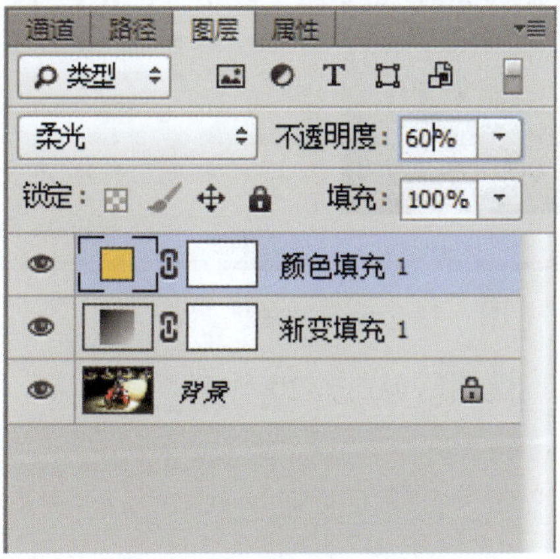

图 6-14　设置相应选项

图 6-15　最终效果

6.1.3　运用冷蓝特效

运用冷蓝特效

冷蓝特效是处理淘宝商品图像时常用的一种特效，具有很强的代表性。通过调出图像的冷蓝色调，增强商品图像高贵冷傲的气质和氛围。

Step 01　单击“文件”|“打开”命令，打开素材图像（素材\项目 6\小盆栽.jpg），如图 6-16 所示。

Step 02　单击“图层”|“新建填充图层”|“纯色”命令，如图 6-17 所示。

图 6-16　打开素材图像

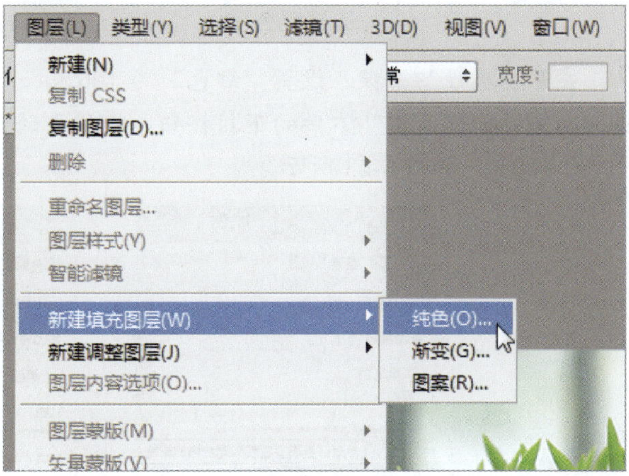

图 6-17　单击“纯色”命令

Step 03　弹出“新建图层”对话框，如图 6-18 所示，单击“确定”按钮，新建“颜色填充 1”图层。

Step 04　弹出“拾色器（纯色）”对话框，设置颜色为蓝色（RGB 参数值分别为 102、156、230），如图 6-19 所示，单击“确定”按钮。

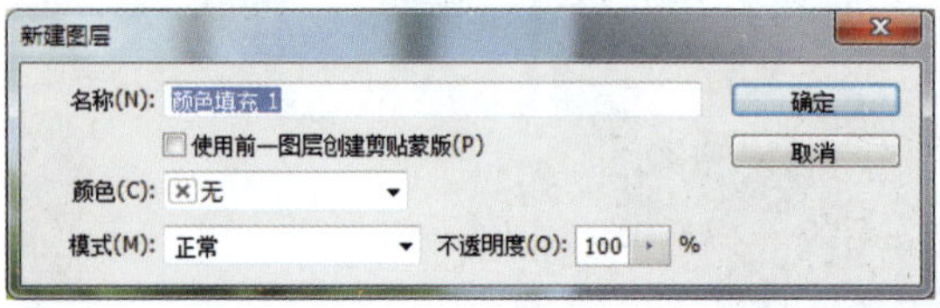

图 6-18　新建“颜色填充 1”图层

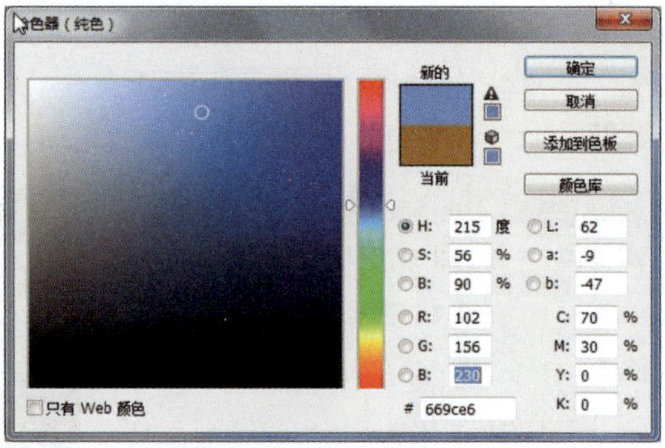

图 6-19　设置颜色为蓝色

Step 05　设置“颜色填充 1”调整图层的混合模式为“柔光”模式，如图 6-20 所示。

Step 06　新建“通道混合器 1”调整图层，如图 6-21 所示。

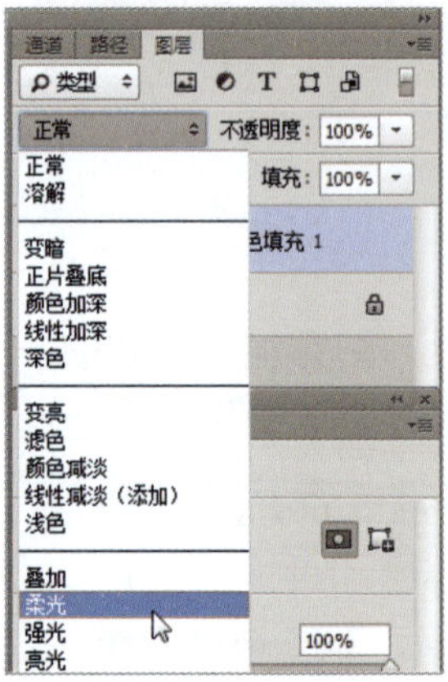

图 6-20　设置混合模式

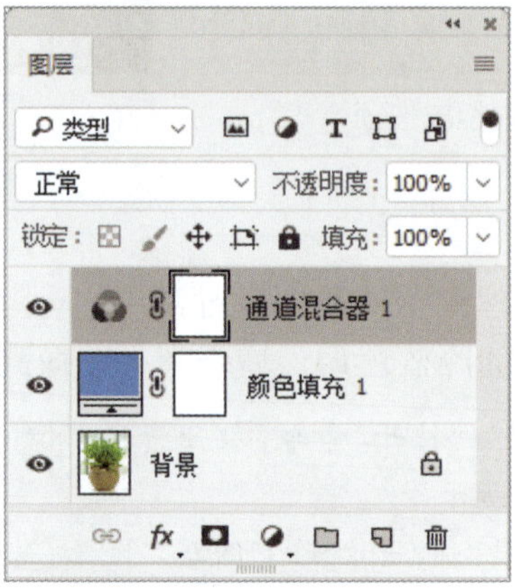

图 6-21 新建“通道混合器 1”

Step 07　展开“属性”面板，设置“红色”为 100%，如图 6-22 所示。

Step 08　单击“输出通道”右侧的下拉按钮，在弹出的列表框中选择“绿”选项，设置“绿色”为 100%，如图 6-23 所示。

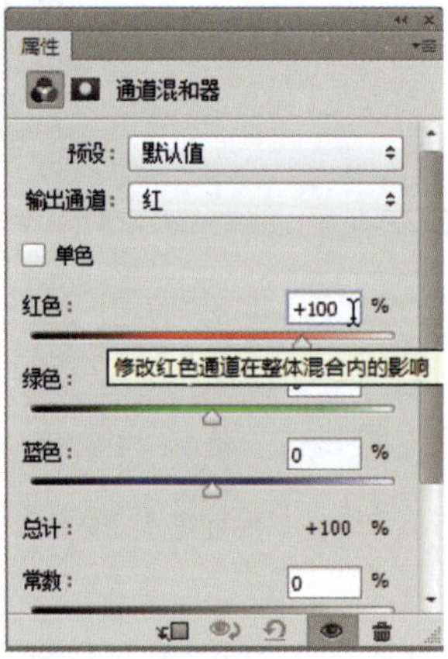

图 6-22　设置参数（1）

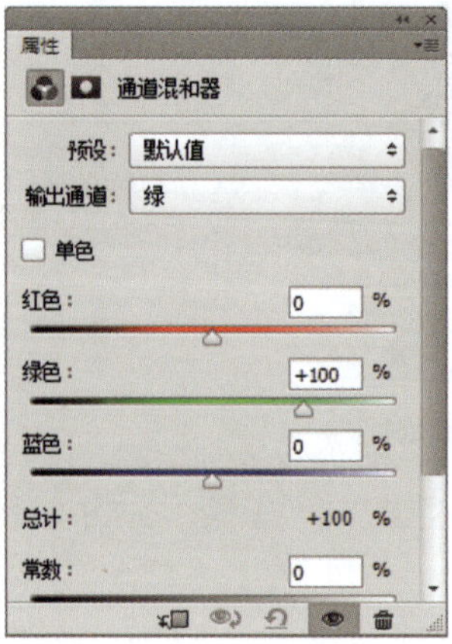

图 6-23　设置参数（2）

Step 09 单击“输出通道”右侧的下拉按钮，在弹出的列表框中选择“蓝”选项，设置“蓝色”为 107%，如图 6-24 所示。

Step 10 执行操作后，即可调整图像色调，完成冷蓝特效的制作，效果如图 6-25 所示。

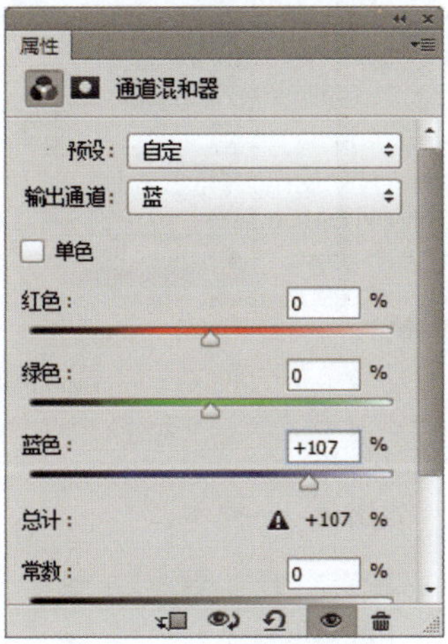

图 6-24　设置参数（3）

图 6-25　最终效果

6.1.4　运用冷绿特效

运用冷绿特效

冷绿特效也是处理淘宝商品图像时常用的一种色调，绿色给人清新舒爽的感觉，通过调出商品图像的冷绿色调，可以增强图像的清新感。

Step 01 单击“文件”|“打开”命令，打开素材图像（素材\项目 6\头饰.jpg），如图 6-26 所示。

Step 02 单击“图层”|“新建填充图层”|“纯色”命令，如图 6-27 所示。

图 6-26　打开素材图像

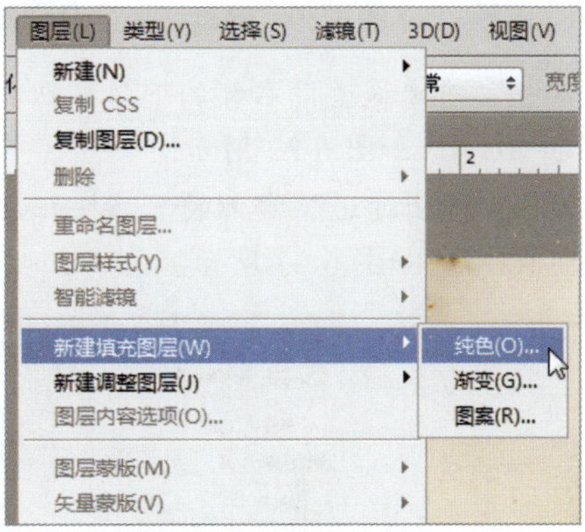

图 6-27　单击“纯色”命令

Step 03 新建“颜色填充 1”调整图层，弹出“拾色器（纯色）”对话框，设置颜色为绿色（RGB 参数值分别为 0、142、47），如图 6-28 所示。

Step 04 单击“确定”按钮，设置“颜色填充 1”调整图层的混合模式为“柔光”模式，如图 6-29 所示。

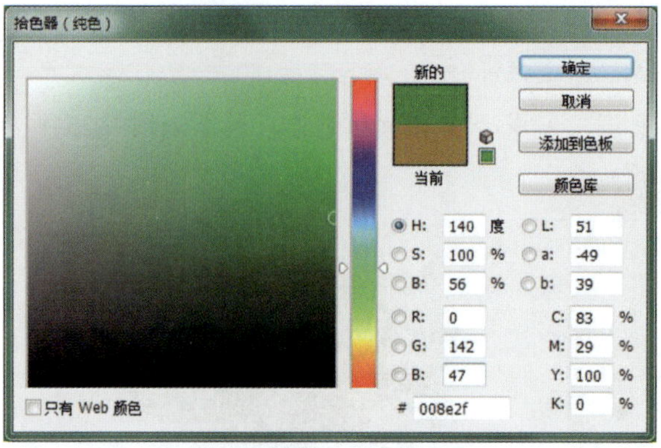

图 6-28 设置颜色为绿色

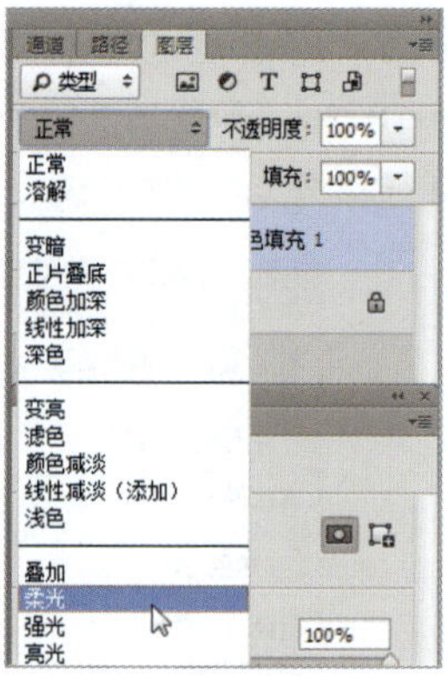

图 6-29 设置混合模式

Step 05 新建“通道混合器 1”调整图层，如图 6-30 所示。

Step 06 展开“属性”面板，设置“红色”为 100%，如图 6-31 所示。

图 6-30 新建“通道混合器 1”

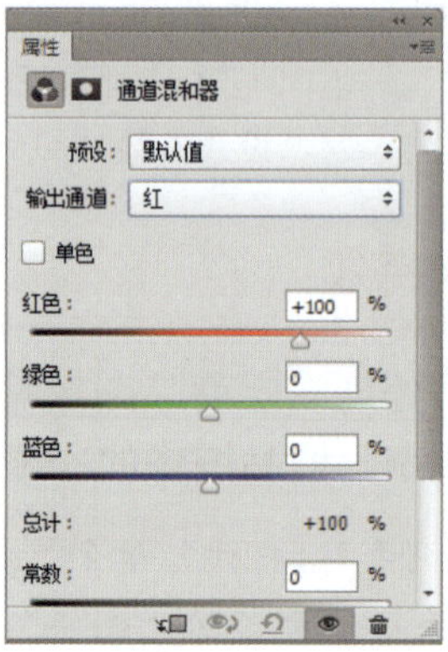

图 6-31 设置参数

Step 07 单击“输出通道”右侧的下拉按钮，在弹出的列表框中选择“绿”选项，设置“绿色”为 103%，如图 6-32 所示。

Step 08 单击“输出通道”右侧的下拉按钮，在弹出的列表框中选择“蓝”选项，设置“蓝色”为 100%，如图 6-33 所示。

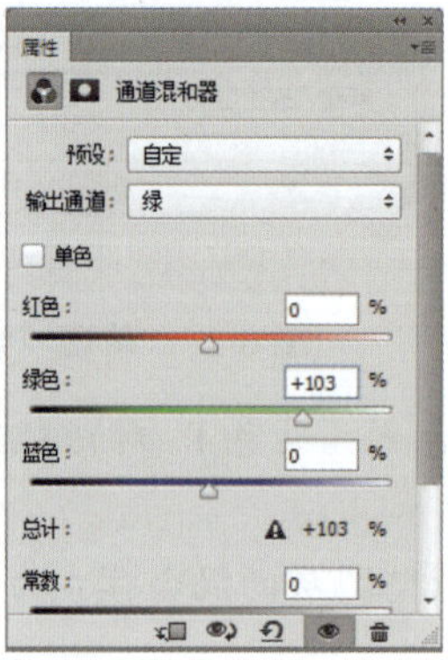

图 6-32 设置参数

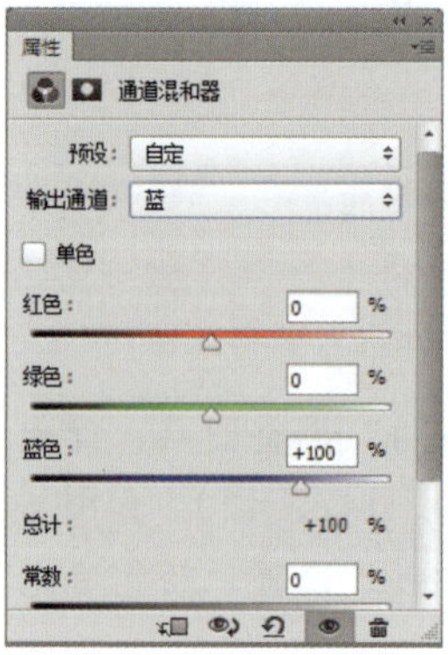

图 6-33 设置参数

Step 09　执行操作后，即可调整图像色调，完成冷绿特效的制作，效果如图 6-34 所示。

图 6-34　最终效果

6.1.5　运用复古特效

运用复古特效

复古特效是一种后现代复古色调，应用了该特效的商品图像会显得非常神秘，能够很好地烘托画面氛围，让商品图像富有复古情调。

Step 01　单击“文件”|“打开”命令，打开素材图像（素材\项目 6\裙子.jpg），如图 6-35 所示。

Step 02　新建“图层 1”图层，设置前景色为深蓝色（RGB 参数值分别为 1、23、51），并填充前景色，如图 6-36 所示。

图 6-35　打开素材图像

图 6-36　填充前景色（1）

Step 03　设置“图层 1”图层的混合模式为“排除”模式，如图 6-37 所示。

Step 04　新建“图层 2”图层，设置前景色为浅蓝色（RGB 参数值分别为 211、245、253），填充前景色，如图 6-38 所示。

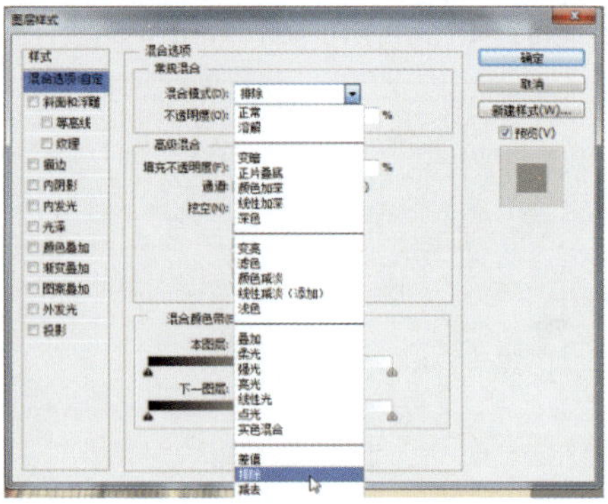

图 6-37　设置“图层 1”

图 6-38　填充前景色（2）

Step 05　设置“图层 2”图层的混合模式为“颜色加深”模式，如图 6-39 所示。

Step 06　新建“图层 3”图层，设置前景色为褐色（RGB 参数值分别为 154、119、59），如图 6-40 所示。

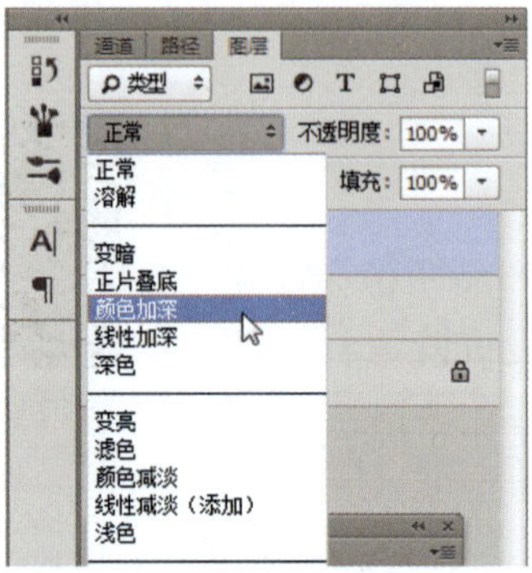

图 6-39　设置“图层 2”

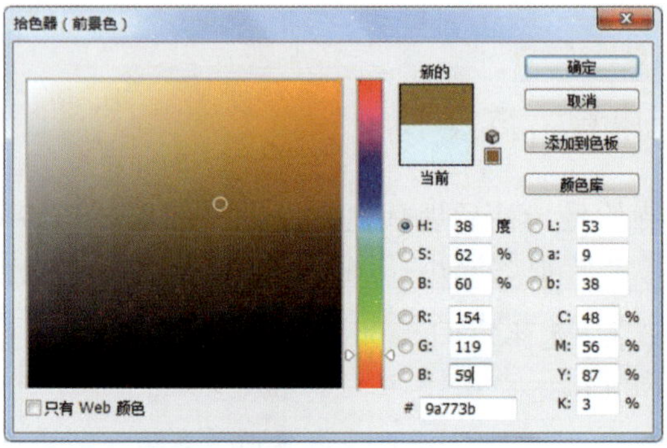

图 6-40　设置前景色为褐色

Step 07　填充前景色，设置“图层 3”图层的混合模式为“柔光”模式，如图 6-41 所示。

Step 08　新建“色阶 1”调整图层，展开“属性”面板，设置“输入色阶”依次为 0、0.92、239，如图 6-42 所示。

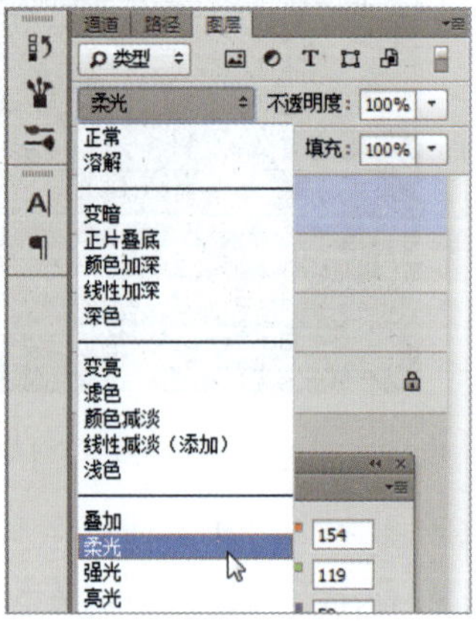

图 6-41　设置“图层 3”

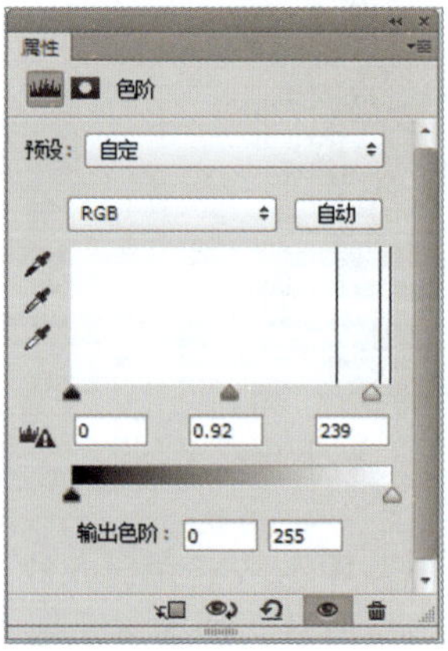

图 6-42　设置色阶参数

Step 09 执行上述操作后，即可完成复古特效的制作，效果如图 6-43 所示。

图 6-43　最终效果

6.1.6　运用幻灯片效果

运用幻灯片效果

幻灯片的切换效果可以更好地展示图像，幻灯片观看图像也就是在全屏模式下，观看图像效果，这样能够最大视觉观看图像的细节。

Step 01 单击“文件”|“打开”命令，打开素材图像（素材\项目 6\碗碟.jpg），如图 6-44 所示。

Step 02 双击“背景”图层，弹出“新建图层”对话框，单击“确定”按钮，得到“图层 0”图层，如图 6-45 所示。

图 6-44　打开素材图像

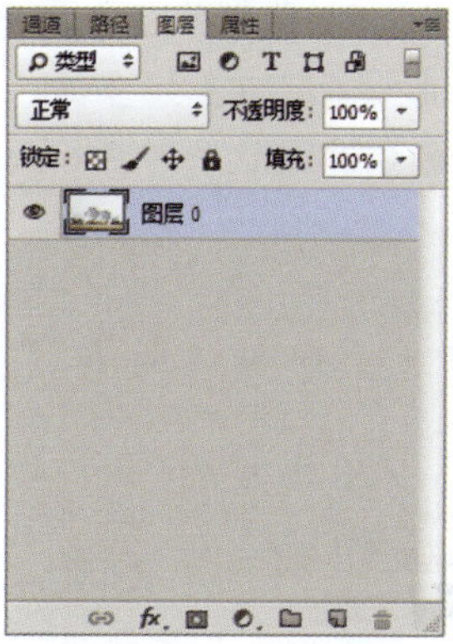

图 6-45　新建图层

Step 03 单击“图像”|“图像大小”命令，弹出“图像大小”对话框，设置“高度”为 768 像素，单击“确定”按钮，调整图像大小，如图 6-46 所示。

Step 04 单击“图像”|“画布大小”命令，弹出“画布大小”对话框，设置“宽度”为 2 像素，如图 6-47 所示。

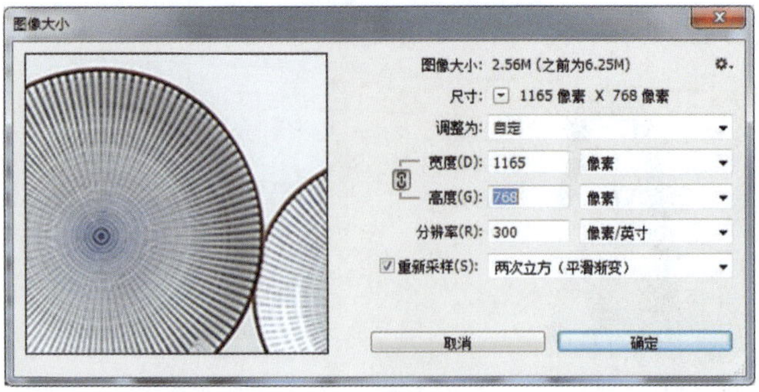

图 6-46 调整图像大小

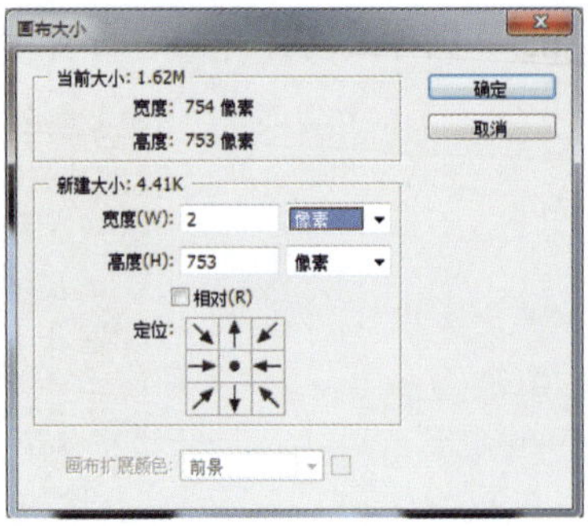

图 6-47 设置“宽度”

Step 05 单击“确定”按钮，即可调整画布大小，新建“图层 1”图层，设置前景色为黑色，如图 6-48 所示。

Step 06 为图层 1 填充黑色，并调整“图层 1”至“图层 0”图层下方，如图 6-49 所示。

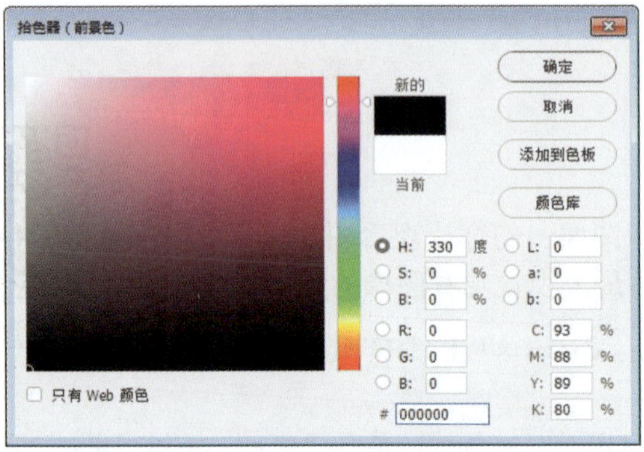

图 6-48 设置前景色为黑色

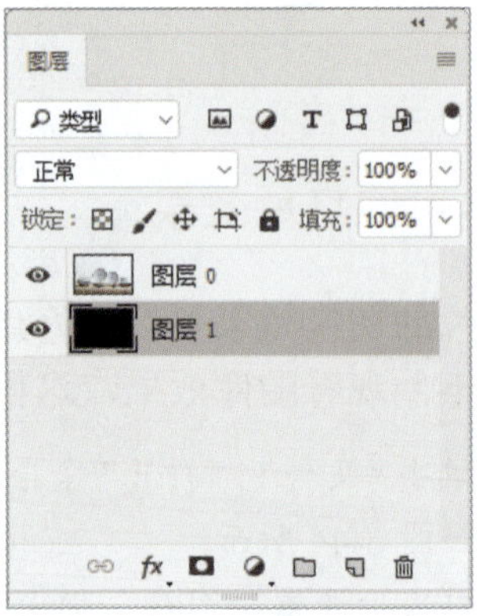

图 6-49 调整图层顺序

Step 07 执行上述操作后，打开图层面板，选中“图层 0”图层，如图 6-50 所示。

Step 08 按【Ctrl+T】组合键，调出变换控制框，适当调整图像大小，即可完成幻灯片展示效果的制作，效果如图 6-51 所示。

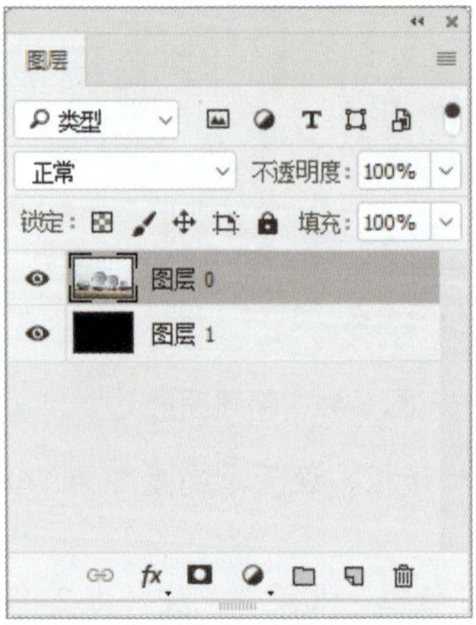

图 6-50 选中“图层 0”图层

图 6-51 最终效果

6.1.7　运用拍立得特效

运用拍立得特效

拍立得照片效果可以在相纸上显现拍摄影像，四边的白框还可以涂鸦写字，不少用户还特地用这种相机来纪录人生，与一般冲洗的无边框相片比较起来是别有一番风趣。

Step 01　单击“文件”|“打开”命令，打开素材图像（素材\项目 6\黄皮鞋.jpg），如图 6-52 所示。

Step 02　双击“背景”图层，弹出“新建图层”对话框，单击“确定”按钮，得到“图层 0”图层，如图 6-53 所示。

图 6-52　打开素材图像

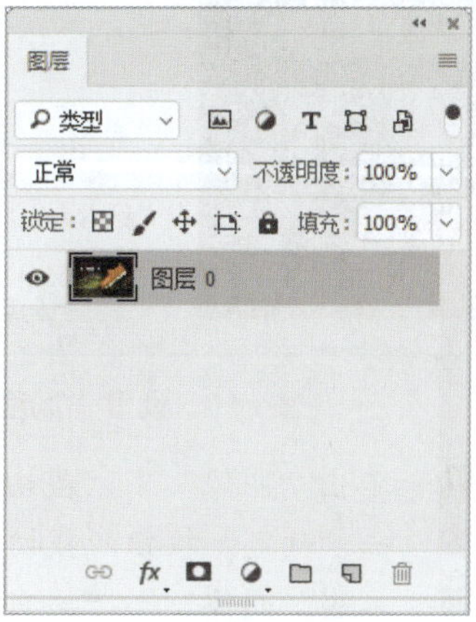

图 6-53　新建图层

Step 03　按【Ctrl + T】组合键，调出变换控制框，在工具属性栏中设置“旋转”为 90°，按【Enter】键，确认变换操作，效果如图 6-54 所示。

Step 04　单击“图像”|“显示全部”命令，显示全部图像，如图 6-55 所示。

图 6-54　确认变换操作

图 6-55　显示全部图像

Step 05　单击“图像”|“图像大小”命令，弹出“图像大小”对话框，设置“宽度”为 1 200 像素，如图 6-56 所示。

Step 06 单击“确定”按钮，按【Ctrl + T】组合键，调出变换控制框，在工具属性栏中设置“旋转”为-90 度，按【Enter】键，确认图像变换操作，如图 6-57 所示。

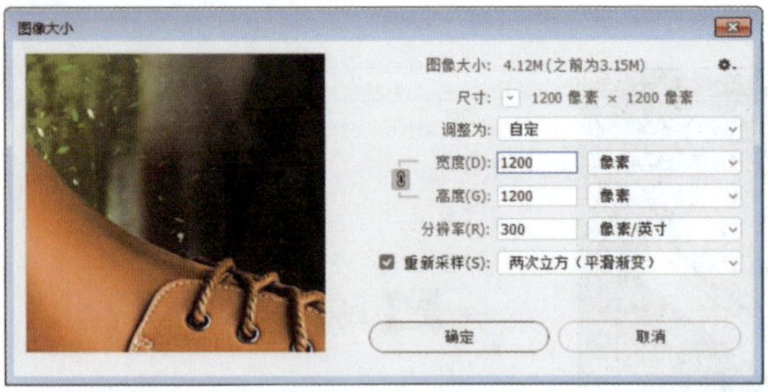

图 6-56　设置“宽度”参数

图 6-57　确认图像变换操作

Step 07 单击“图像”｜“裁切”命令，弹出“裁切”对话框，选中“透明像素”单选按钮，单击“确定”按钮，裁切图像，效果如图 6-58 所示。

Step 08 单击“图像”｜“画布大小”命令，弹出“画布大小”对话框，选中“相对”复选框，设置“高度”为 50%、“定位”为“垂直、顶”，如图 6-59 所示。

图 6-58　裁切图像

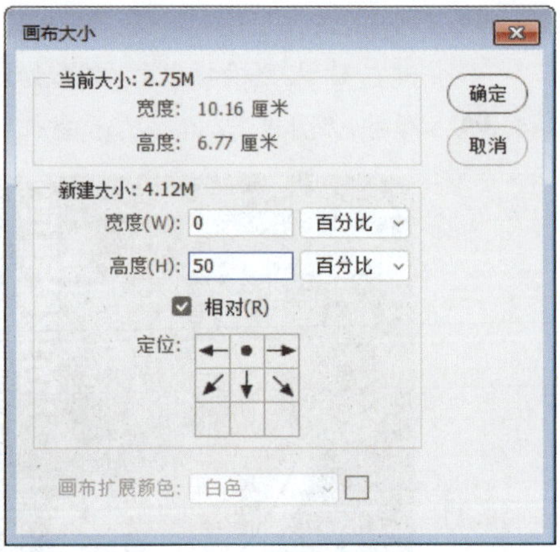

图 6-59　设置各选项

Step 09 单击“确定”按钮，调整画布大小，新建“图层 1”图层，设置前景色为白色，并填充前景色，调整“图层 1”至“图层 0”图层下方，如图 6-60 所示。

Step 10 双击“图层 0”图层，弹出“图层样式”对话框，选中“描边”复选框，设置“大小”为 3 像素、“位置”为“内部”“填充类型”为“颜色”、设置填充“颜色”为黑色，如图 6-61 所示。

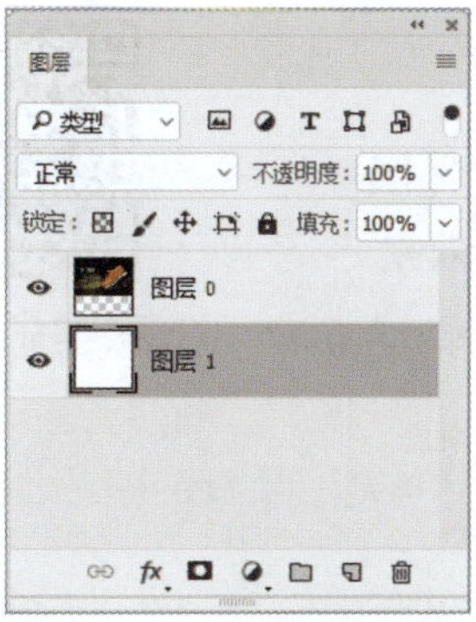

图 6-60　调整图层顺序

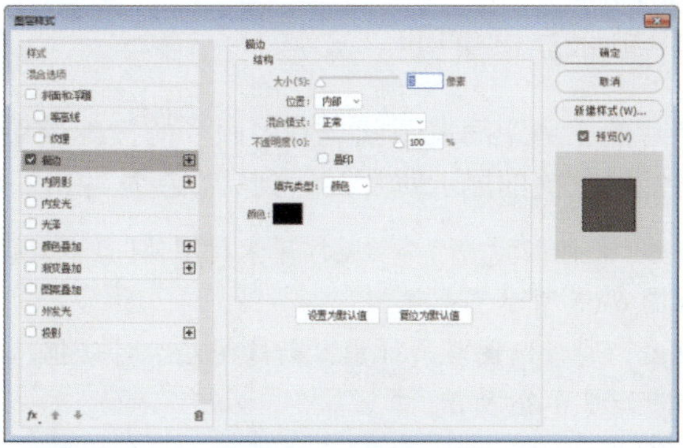

图 6-61　设置各选项

Step 11 单击“确定”按钮，拖曳鼠标至“图层 0”图层的右侧，单击鼠标右键，在弹出的快捷菜单中，选中“拷贝图层样式”选项，如图 6-62 所示。

Step 12 选择“图层 1”图层，在其右侧单击鼠标右键，在弹出的快捷菜单中，选择“粘贴图层样式”选项，如图 6-63 所示。

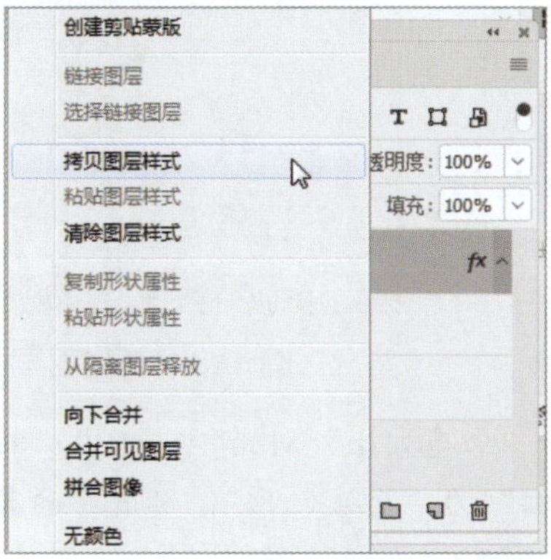

图 6-62　选中“拷贝图层样式”选项

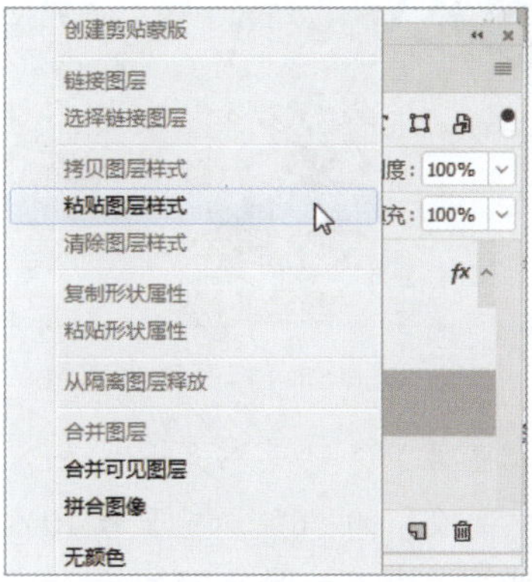

图 6-63　选择“粘贴图层样式”选项

Step 13 执行操作后，调整“图层 0”图层图像的大小和位置，最终完成拍立得照片效果的制作，效果如图 6-64 所示。

图 6-64　最终效果

6.1.8 运用单张立体空间

单张照片的立体空间展示就是利用照片的投影效果，衬托图像的立体感，它能够唯美的展示照片，达到具有视觉冲击的展示效果。

运用单张立体空间

Step01 单击“文件”|“打开”命令，打开素材图像（素材\项目 6\耳环.jpg），如图 6-65 所示。

Step02 双击“背景”图层，弹出“新建图层”对话框，单击“确定”按钮，得到“图层 0”图层，如图 6-66 所示。

图 6-65 打开素材图像

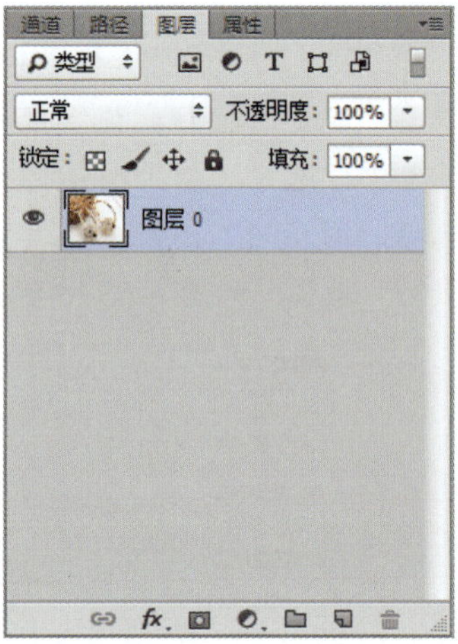

图 6-66 新建图层

Step03 单击“图像”|“画布大小”命令，弹出“画布大小”对话框，选中“相对”复选框，设置“高度”为 50%、宽度为 10%、“定位”为“垂直、顶”，单击“确定”按钮，即可调整画布大小，如图 6-67 所示。

Step04 复制“图层 0”图层，得到“图层 0 拷贝”图层，如图 6-68 所示。

图 6-67 调整画布大小

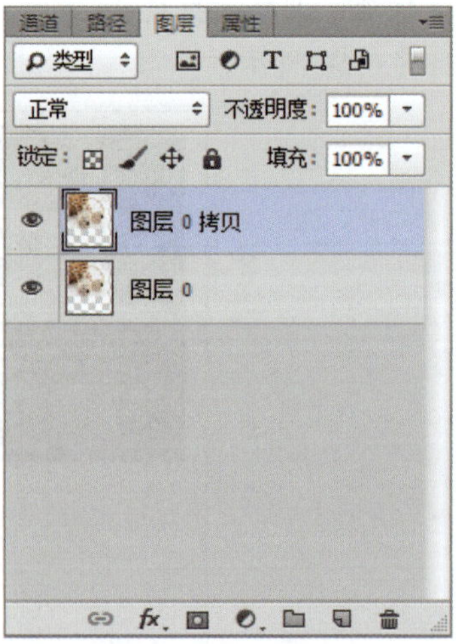

图 6-68 复制图层

Step05　按【Ctrl + T】组合键，调出变换控制框，设置中心点的位置为底边居中，如图 6-69 所示。

Step06　单击鼠标右键，在弹出的快捷菜单中选择“垂直翻转”选项，即可垂直翻转图像，按【Enter】键，确认图像的变换操作，如图 6-70 所示。

图 6-69　设置中心点的位置

图 6-70　确认图像的变换操作

Step07　双击“图层 0 拷贝”图层，弹出“图层样式”对话框，选中“描边”复选框，设置“大小”为 20 像素、“位置”为“内部”“混合模式”为“正常”“不透明度”为 100%、“填充类型”为“颜色”“颜色”为白色，如图 6-71 所示，单击“确定”按钮，即可应用图层样式。

Step08　在“图层 0 拷贝”图层上，单击鼠标右键，在弹出的快捷菜单中选择“拷贝图层样式”选项，如图 6-72 所示。

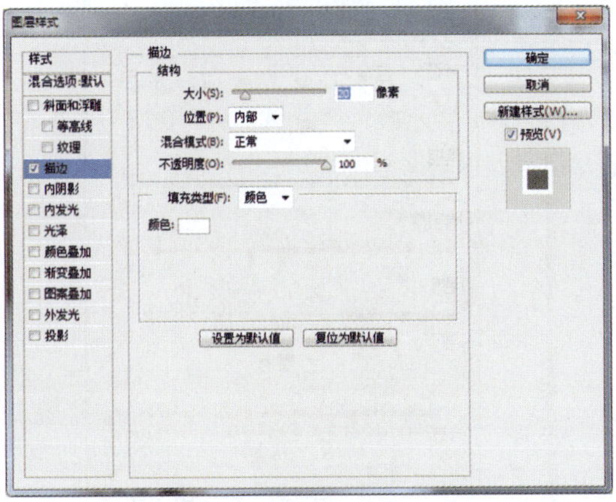

图 6-71　设置各选项

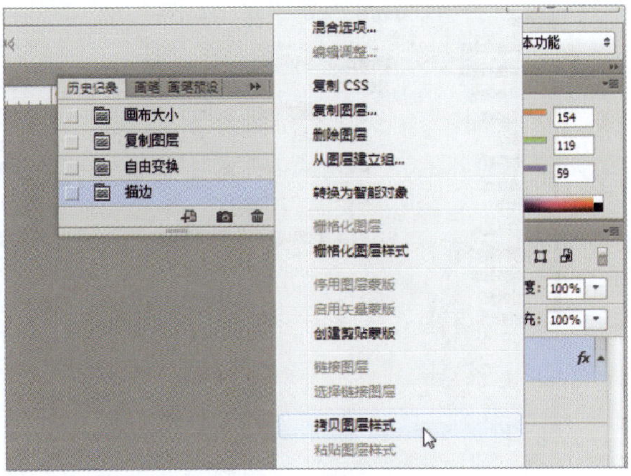

图 6-72　选择“拷贝图层样式”选项

Step09　选择并在“图层 0”图层上，单击鼠标右键，在弹出的快捷菜单中选择“粘贴图层样式”选项，如图 6-73 所示。

Step 10 新建“图层 1”图层，设置前景色为白色，并填充前景色，调整“图层 1”至“图层 0”图层的下方，如图 6-74 所示。

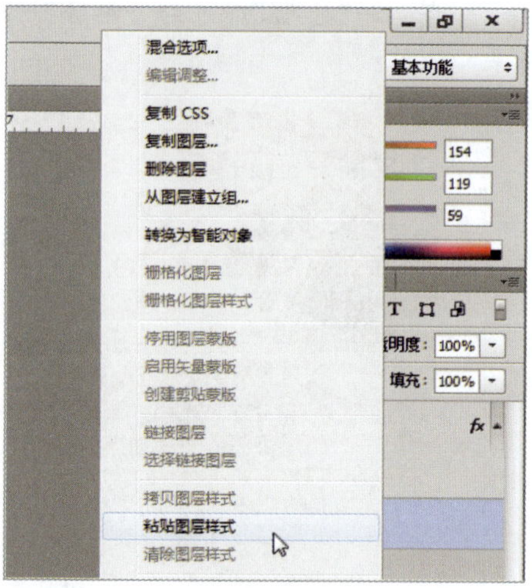

图 6-73 选择“粘贴图层样式”选项

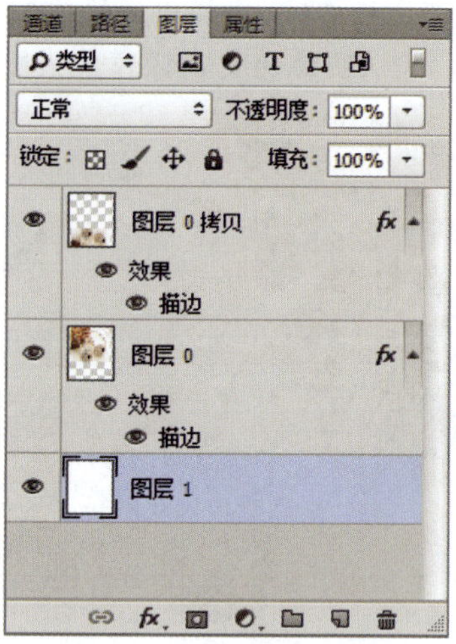

图 6-74 调整图层顺序

Step 11 双击“图层 1”图层，弹出“图层样式”对话框，选中“渐变叠加”复选框，单击“渐变”右侧的“点按可编辑渐变”按钮，弹出“渐变编辑器”对话框，在渐变色条上添加 5 个色标（各色标 RGB 参数值分别为 208、208、208；31、31、31；0、0、0；190、190、190；129、129、129），单击“确定”按钮，设置“缩放”为 100%，如图 6-75 所示，单击“确定”按钮，即可应用图层样式。

Step 12 新建“色相/饱和度 1”调整图层，展开“属性”面板，选中“着色”复选框，设置“色相”为 50、“饱和度”为 50，如图 6-76 所示。

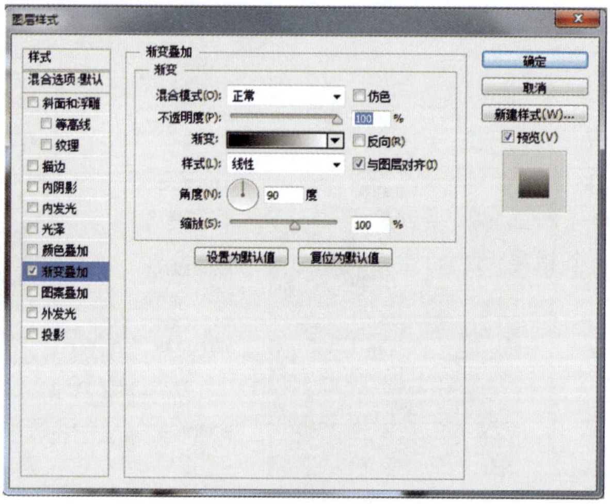

图 6-75 设置相应参数

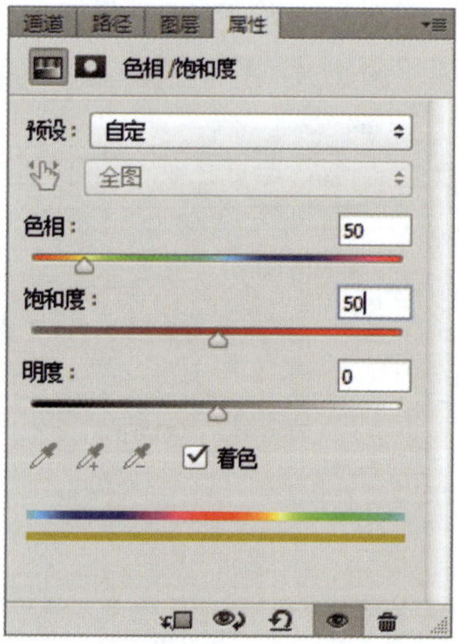

图 6-76 选中“着色”复选框

Step 13 隐藏“属性”面板即可调整图像色调，完成单张照片的立体空间展示的制作，效果如图 6-77 所示。

图 6-77　最终效果

任务 2　手包店铺的商品图像

任务概述

手包也是淘宝网站热门的销售商品。对于琳琅满目的商品，一个好的店面装修和商品展示是非常重要的。本任务主要介绍制作手包店铺商品图像的操作方法。

任务重点与实施

“新建”命令创建图像

6.2.1　“新建”命令创建图像

下面介绍使用“新建”命令，新建文件效果。

Step 01　单击“文件”|“新建”命令，如图 6-78 所示。

Step 02　弹出“新建”对话框，输入名称并设置相应参数，如图 6-79 所示。

Step 03　单击“确定”按钮，即可新建一个指定大小的空白文档，如图 6-80 所示。

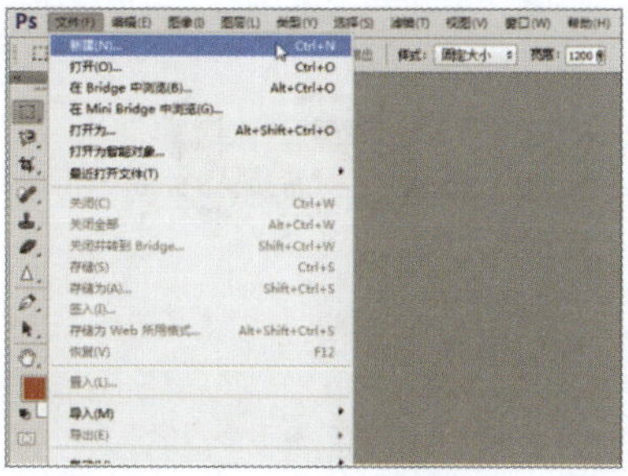

图 6-78　单击“新建”命令

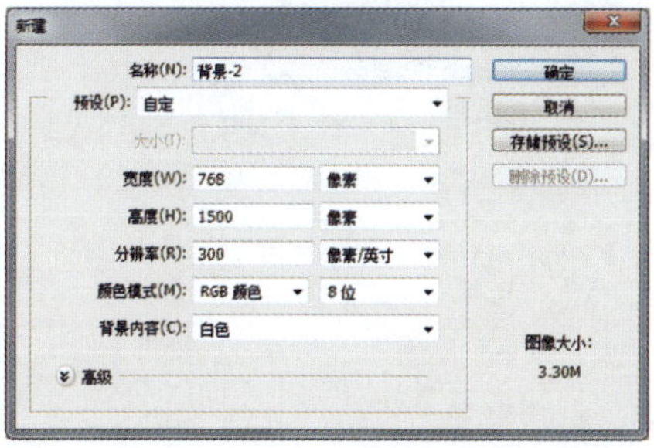

图 6-79　设置新建属性

图 6-80　新建空白文档

6.2.2 魔棒工具抠取商品图像

魔棒工具抠取商品图像

网店卖家可以使用魔棒工具，抠取商品得到图像最终的效果。

Step 01 打开素材图像（素材\项目 6\手包（1）.jpg），按【Ctrl + A】组合键，全选图像，选取移动工具，将其拖曳至新建的图像编辑窗口中，如图 6-81 所示。

Step 02 选择魔棒工具，在工具属性栏中单击“添加到选区”按钮，设置“容差”为 10，在“图层 1”图层白色背景上多次单击鼠标左键，选中白色区域，如图 6-82 所示。

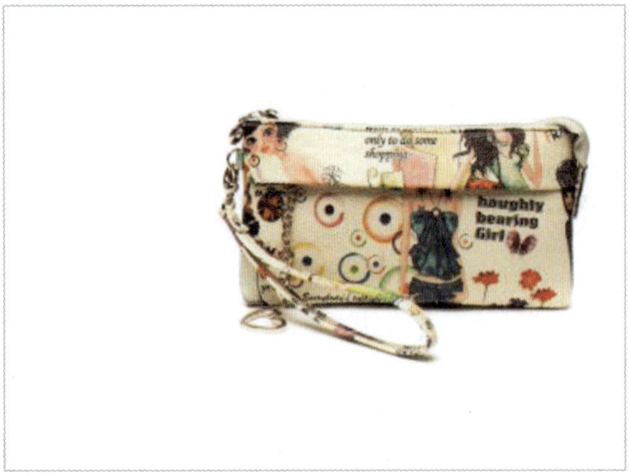

图 6-81 打开图像

图 6-82 选取魔棒工具

Step 03 按【Delete】键删除背景，按【Ctrl + D】组合键，取消选区，隐藏“背景”图层，查看效果，如图 6-83 所示。

Step 04 显示“背景”图层，用与上同样的方法，置入并抠图“手包（2）”图像，适当调整其大小和位置，如图 6-84 所示。

图 6-83 删除背景

图 6-84 抠取图像

Step 05 用与上同样的方法，分别置入并抠取“手包（3）”和“手包（4）”图像，并适当调整其大小和位置，如图 6-85 所示。

图 6-85　抠取其他图像

6.2.3　拖曳图像添加花纹和颜色

拖拽图像添加花纹和颜色

网店卖家还可以在图像窗口中添加多种需要的商品图像，并为图像添加颜色得到最终的效果。

Step 01　打开素材图像（素材\项目 6\手包（5）.jpg），将其拖曳至新建的图像编辑窗口中，适当调整其大小和位置，如图 6-86 所示。

Step 02　用与上同样的方法，分别置入并调整“手包（6）”和“手包（7）”商品图像，并按【Ctrl + T】组合键，适当调整其大小和位置，如图 6-87 所示。

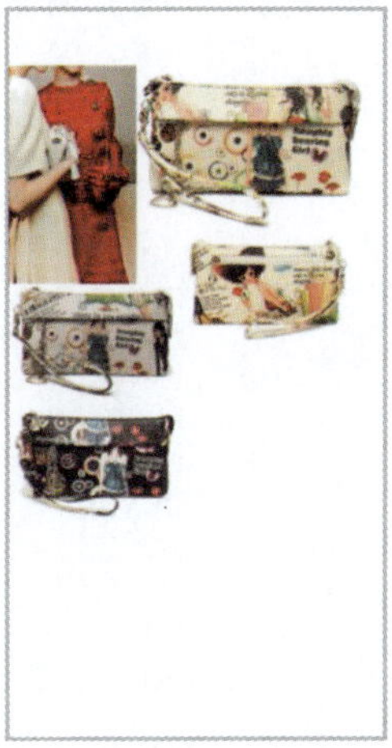

图 6-86　打开图像

图 6-87　调整其他图像

Step 03　用与上同样的方法，置入并调整素材图像（素材\项目 6\红花纹.psd），如图 6-88 所示。

Step 04 按【Ctrl】键的同时，单击“花纹”图层缩览图，调出选区，设置前景色为玫红色（RGB 参数分别为 255、1、144），按【Alt + Delete】组合键，填充图像，并取消选区，如图 6-89 所示。

图 6-88　调整“红花纹”

图 6-89　取消选区

6.2.4　矩形选框工具填充颜色

矩形选框工具填充颜色

网店卖家使用矩形选框工具，可以创建选区并填充颜色得到最终的效果。

Step 01 新建图层，选取矩形选框工具，在适当位置绘制矩形框，设置前景色为玫红色（RGB 参数分别为 255、1、144），填充前景色，并取消选区，如图 6-90 所示。

Step 02 选择“图层 9”图层，按【Ctrl + J】组合键，复制得到“图层 8 拷贝”图层，选取移动工具，将其移至图像下方适当位置，并适当调整其长度，如图 6-91 所示。

图 6-90　新建图层

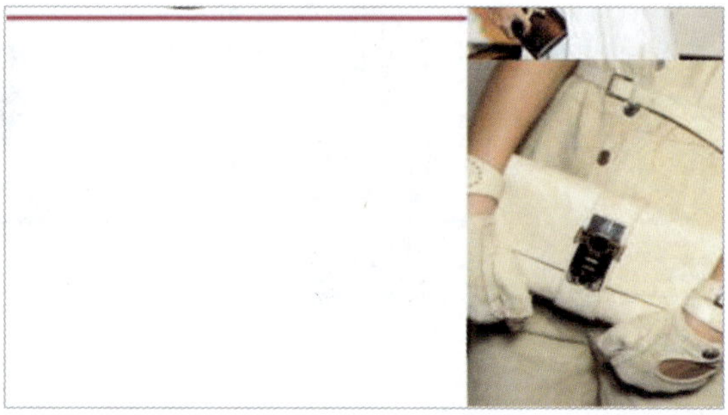

图 6-91　调整长度

Step 03 新建图层，选取矩形选框工具，在图像编辑窗口最下方适当位置绘制矩形框，设置前景色为玫红色（RGB 参数分别为 255、1、144），填充前景色，并取消选区，如图 6-92 所示。

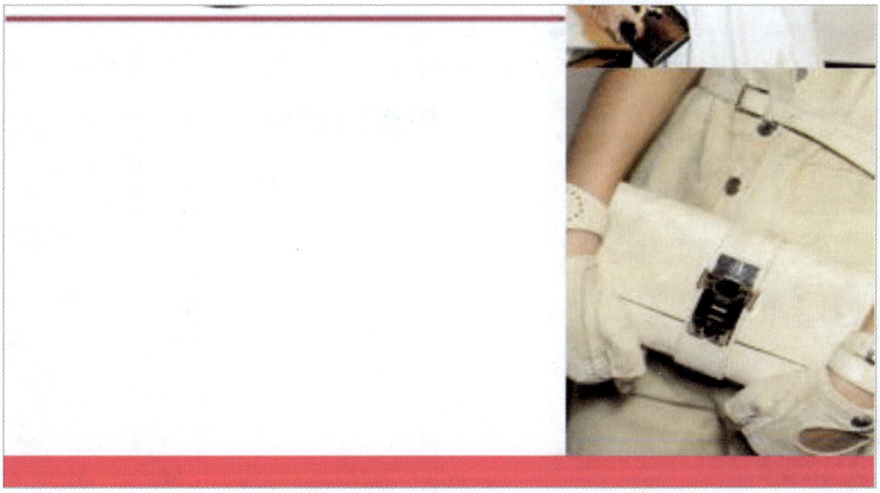

图 6-92　填充前景色

6.2.5　添加文字说明

添加文字说明

网店卖家使用横排文字工具可以在图像窗口中添加需要的文字效果，为产品进行宣传和广告。

Step 01　选择横排文字工具，在图像编辑窗口适当位置单击鼠标左键，在工具属性栏中单击“切换字符和段落面板”按钮，展开“字符”面板，设置相应参数，输入相应文字，如图 6-93 所示。

Step 02　按【Ctrl + Enter】组合键确认，完成文字输入。使用同样的方法，保持默认参数，在编辑窗口中的合适位置输入文字，如图 6-94 所示。

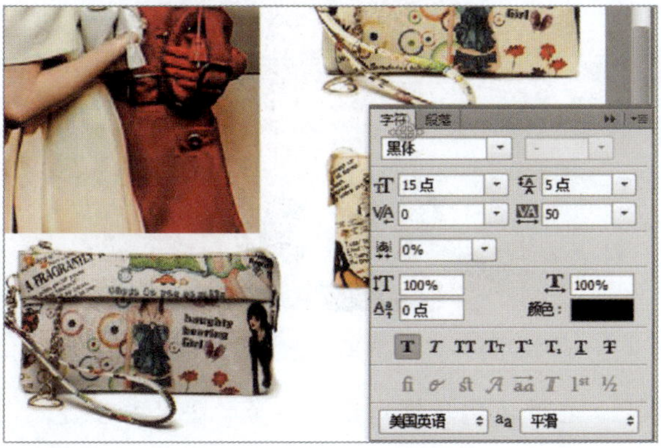

图 6-93　设置参数

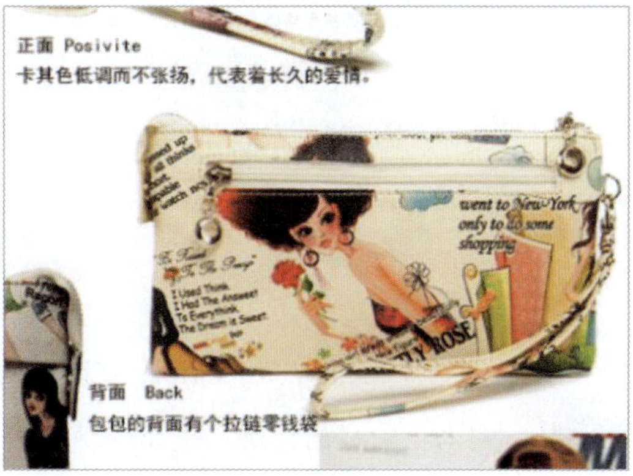

图 6-94　合适位置输入文字

Step 03　用与上同样的方法，输入相应文字，如图 6-95 所示。

Step 04 选取横排文字工具T，在图像编辑窗口适当位置单击鼠标左键，在“字符”面板中，设置相应参数，输入相应文字，按【Ctrl + Enter】组合键确认，如图 6-96 所示。

图 6-95　输入相应文字

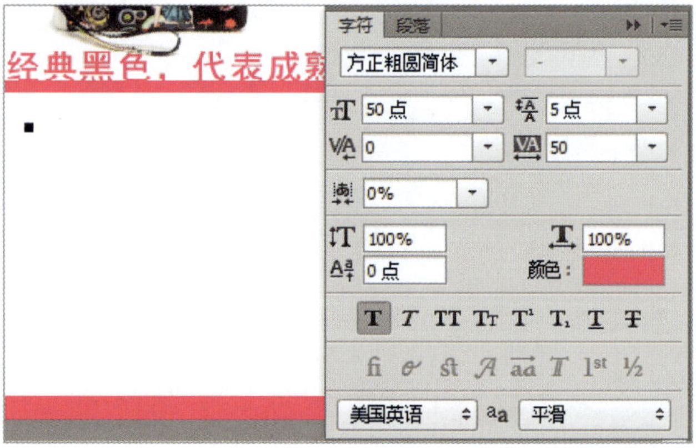

图 6-96　“字符”面板

Step 05 选择“经典黑色”文字图层，参数值为改图层文字参数，在“包包物语:”的下方输入文字，如图 6-97 所示。

Step 06 选取“横排文字工具”T，在图像编辑窗口适当位置单击鼠标左键，在“字符”面板中，设置相应参数，输入相应文字，按【Ctrl + Enter】组合键确认，完成文字输入，并将文字移至合适位置，如图 6-98 所示。

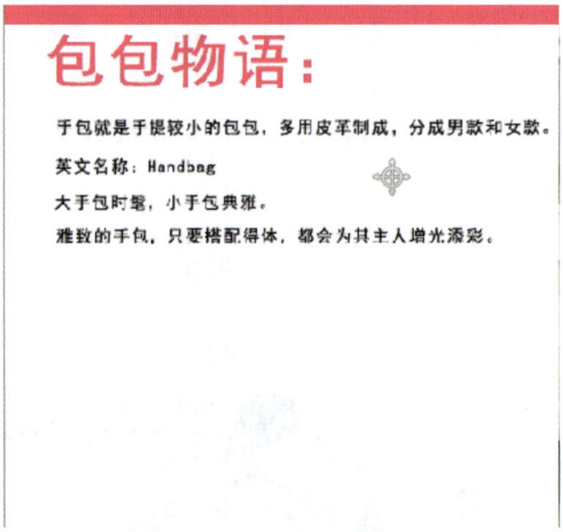

图 6-97　选择“经典黑色”文字图层

图 6-98　选取“横排文字工具”

Step 07 用与上同样的方法，选择横排文字工具T，在图像编辑窗口适当位置单击鼠标左键，在“字符”面板中，设置相应参数，输入相应文字，如图 6-99 所示。

Step 08 按【Ctrl + Enter】组合键，完成文字输入，并将文字移至合适位置，完成个性手包图片处理，如图 6-100 所示。

图 6-99　输入其他相应文字

图 6-100　完成文字输入

任务 3　淘宝店庆的广告效果

任务概述

各类广告活动频现于电视、报纸、杂志、路牌和互联网上，让人目不暇接，人们也在不知不觉中接受着广告。广告活动日益成为企业、网店卖家的营销手段和传递信息的重要方式。本任务主要介绍制作淘宝店庆广告效果的操作方法。

“新建”命令创建图像

任务重点与实施

6.3.1　“新建”命令创建图像

Step 01 单击“文件” | “新建”命令，弹出“新建”对话框，在对话框中设置各选项，如图 6-101 所示。

Step 02 单击“确定”按钮，即可新建一幅空白图像，如图 6-102 所示。

Step 03 单击工具箱中的前景色色块，弹出“拾色器（前景色）”对话框，设置前景色为淡蓝色（RGB 参数值分别为 203、231、255），如图 6-103 所示。

Step 04 单击“确定”按钮，按【Alt + Delete】组合键，填充前景色，如图 6-104 所示。

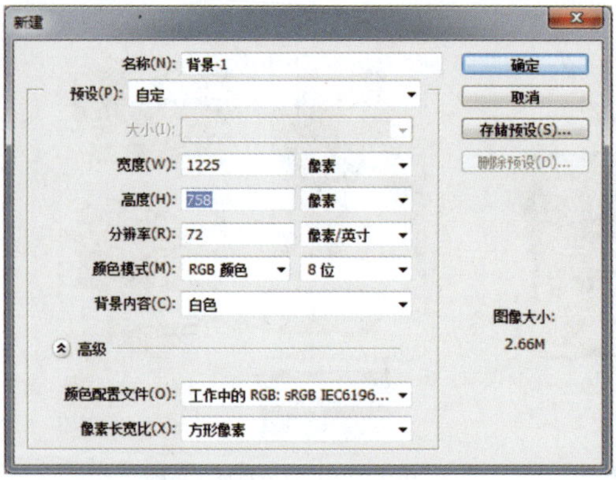

图 6-101　设置选项

图 6-102　新建空白图像

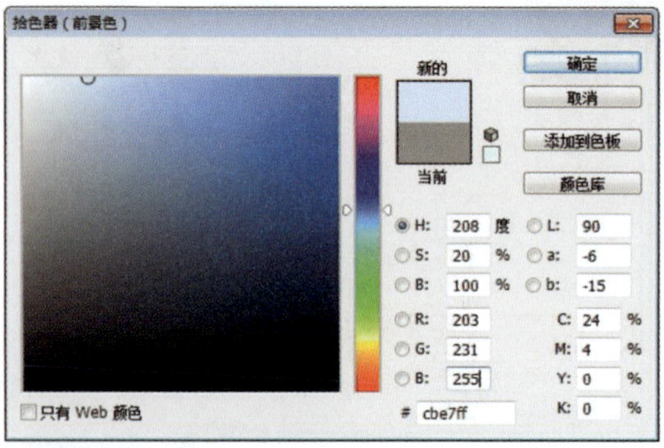

图 6-103　设置参数

图 6-104　填充前景色

6.3.2　移动工具添加花纹图像

移动工具添加花纹图像

下面主要介绍选取移动工具将花纹图像素材添加到窗口中，并且通过图层混合模式美化背景效果。

Step 01 按【Ctrl + O】组合键，打开素材图像（素材\项目 6\花纹（1）.psd），如图 6-105 所示。

Step 02 选取工具箱中的移动工具，将其拖曳至新建的图像编辑窗口中，如图 6-106 所示。

图 6-105　打开花纹图像（1）

图 6-106　选取移动工具

Step 03 按【Ctrl + T】组合键，调出变换控制框，如图 6-107 所示。

Step 04 适当调整其大小和位置，并按【Enter】键确认变换，如图 6-108 所示。

图 6-107　调出变换控制框

图 6-108　确认变换

Step 05 按【Ctrl + E】组合键，将“图层 1”和“图层 2”图层合并，设置“图层 1”图层的“混合模式”为“滤色”“不透明度”为 60%，如图 6-109 所示。

Step 06 执行上述操作后，即可改变图像效果，如图 6-110 所示。

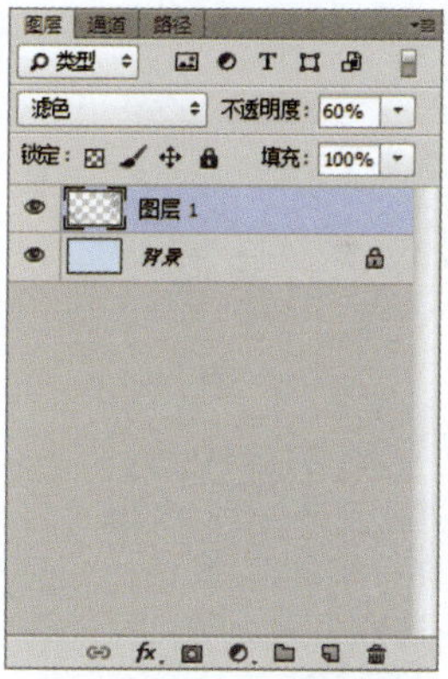

图 6-109　合并图层

图 6-110　改变图像效果

Step 07 按【Ctrl + O】组合键，打开素材图像（素材\项目 6\花纹（2）.psd），并将其拖曳至新建的图像编辑窗口中的合适位置处，如图 6-111 所示。

Step 08 连续按两次【Ctrl + J】组合键，复制“图层 2”图层两次，如图 6-112 所示。

图 6-111　打开花纹图像（2）

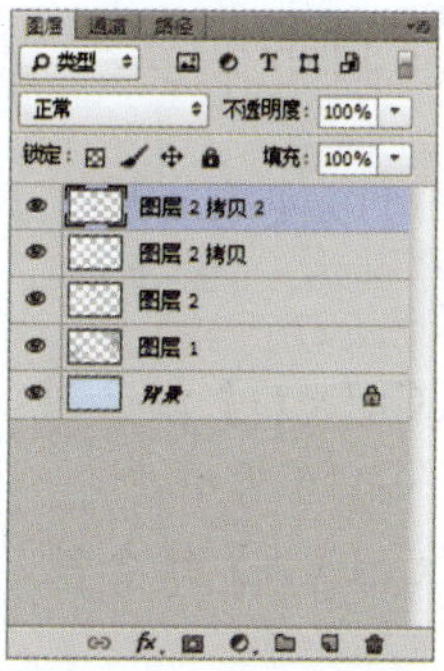

图 6-112　复制图层

Step 09 按【Ctrl + T】组合键，调出变换控制框，调整图像的大小、角度和位置，并按【Enter】键确认操作，如图 6-113 所示。

Step 10 设置花纹图像的“混合模式”为“柔光”，如图 6-114 所示。

图 6-113　调整图像位置

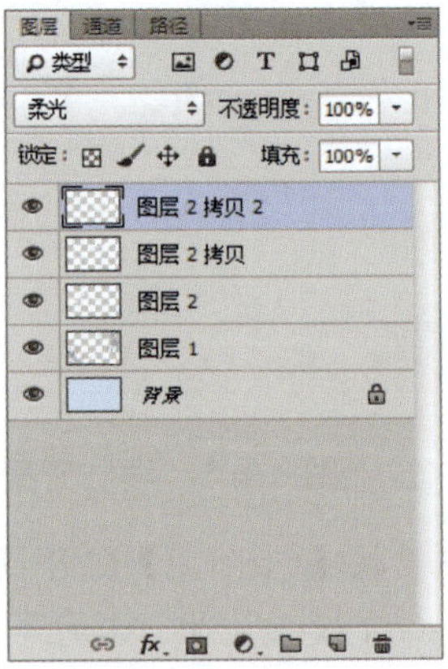

图 6-114　设置“柔光”模式

Step 11 执行操作后，即可改变图像效果，如图 6-115 所示。

图 6-115　图像效果

6.3.3　魔棒工具抠取商品图像

网店卖家可以使用魔棒工具抠取商品图像，得到最终的效果，具体操作步骤如下。

魔棒工具抠取商品图像

Step 01 按【Ctrl + O】组合键，打开素材图像（素材\项目 6\爱心.jpg），如图 6-116 所示。

Step 02 按【Ctrl + A】组合键，全选图像，如图 6-117 所示。

图 6-116　打开图像

图 6-117　全选图像

Step 03　选取移动工具，将其拖曳至新建的图像编辑窗口中，并适当调整其大小和位置，如图 6-118 所示。

Step 04　选取工具箱中的魔棒工具，在工具属性栏中单击“添加到选区”按钮，设置“容差”为 10，在“图层 3”图层的背景上多次单击鼠标左键，选中背景区域，如图 6-119 所示。

图 6-118　调整图像位置

图 6-119　选取魔棒工具

Step 05　按【Delete】键，删除背景，如图 6-120 所示。

Step 06　按【Ctrl + D】组合键，取消选区，预览效果，如图 6-121 所示。

图 6-120　删除背景

图 6-121　取消选区

6.3.4 图层蒙版与渐变工具制作倒影

图层蒙版与渐变工具制作倒影

网店卖家可以使用图层蒙版与渐变工具制作出图像的倒影特效，具体操作步骤如下。

Step 01 按【Ctrl + J】组合键，复制“图层 3”得到“图层 3 拷贝”图层，如图 6-122 所示。

Step 02 单击“编辑”|“变换”|“垂直翻转”命令，翻转图像商品，如图 6-123 所示。

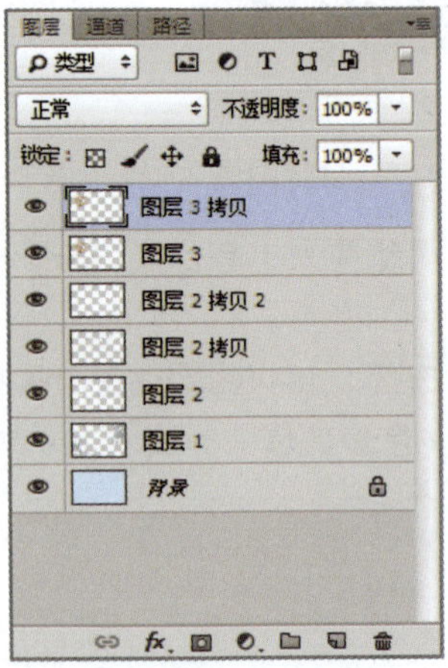

图 6-122 复制“图层 3”

图 6-123 翻转图像

Step 03 选取移动工具，适当调整其位置，如图 6-124 所示。

Step 04 单击“图层”面板底部的“添加矢量蒙版”按钮，为“图层 3 拷贝”图层添加图层蒙版，如图 6-125 所示。

图 6-124 调整位置

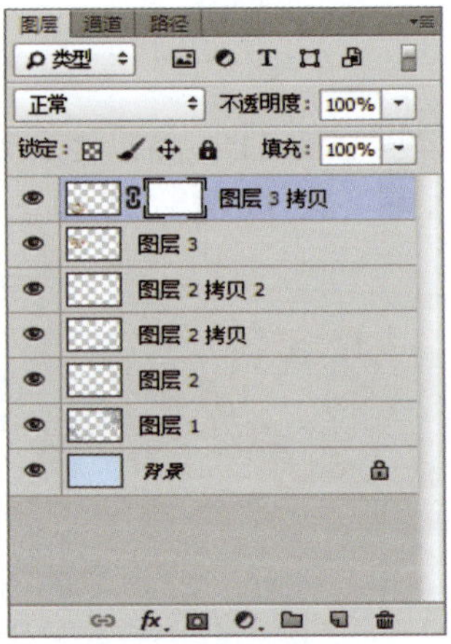

图 6-125 添加图层蒙版

Step 05 选取工具箱中的渐变工具，设置黑白渐变填充颜色，如图 6-126 所示。

Step 06 图像下方单击鼠标并向上拖曳，释放鼠标即可填充黑白渐变，如图 6-127 所示。

图 6-126　选取渐变工具

图 6-127　渐变效果

6.3.5　“描边”命令添加图像层次感

“描边”命令添加图像层次感

下面主要通过“描边”命令，为商品图像添加描边效果，使其层次感更明确，具体操作步骤如下。

Step 01　按【Ctrl + O】组合键，打开素材图像（素材\项目 6\戒指（1）.jpg、戒指（2）.jpg），选取移动工具将各商品拖曳至新建的图像编辑窗口中，并按【Ctrl + T】组合键，调出变换控制框，适当调整商品图像的大小和位置，如图 6-128 所示。

Step 02　在“图层”面板中，选择“图层 4”图层，如图 6-129 所示。

图 6-128　调整图像位置

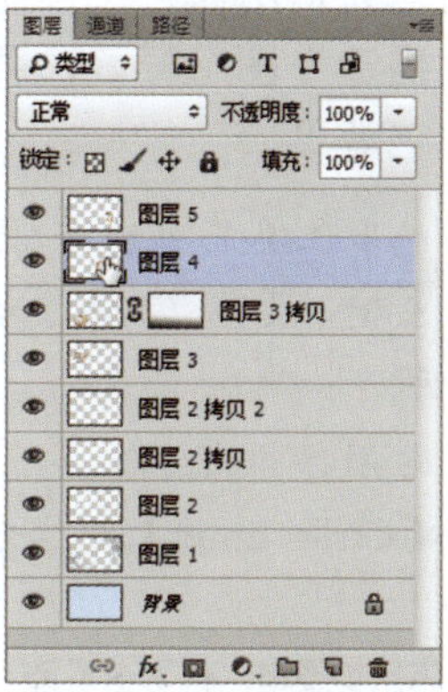

图 6-129　选择“图层 4”

Step 03　单击“编辑”|“描边”命令，弹出“描边”对话框，设置“颜色”为蓝色（RGB 参数分别为 0、142、255）、“宽度”为 2 像素，如图 6-130 所示。

Step 04　单击“确定”按钮，对置入的图像进行描边处理，如图 6-131 所示。

Step 05　用与上同样的方法，为另一幅商品图像添加描边效果，如图 6-132 所示。

Step 06　按【Ctrl + O】组合键，打开素材图像（素材\项目 6\小蓝球.psd），选择除“背景”图层以外的图层，选取移动工具将其拖曳至新建的图像编辑窗口中的合适位置，预览效果，如图 6-133 所示。

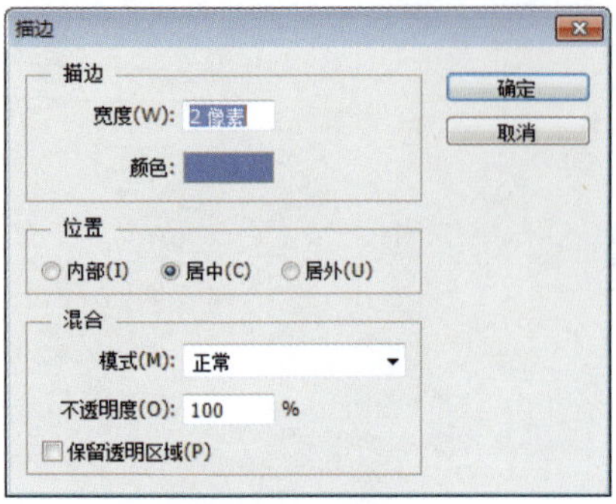

图 6-130　设置参数

图 6-131　图像描边

图 6-132　描边效果

图 6-133　效果预览

6.3.6　“渐变叠加”命令制作文字特效

“渐变叠加”命令制作文字特效

下面首先运用横排文字工具输入广告文字，然后为其添加“渐变叠加”和“描边”图层样式，并调整文字的大小和角度，制作出炫丽的淘宝广告文字效果。

Step 01　选取工具箱中的横排文字工具，在图像编辑窗口适当位置单击鼠标左键，设置“字体”为“方正粗圆简体”“字体大小”为 54 点，输入相应文字，如图 6-134 所示。

Step 02　运用横排文字工具选中“店庆”文字和“送”文字，设置“字体大小”为 100 点，按【Ctrl + Enter】组合键确认，并将其移至合适位置，如图 6-135 所示。

图 6-134　选取横排文字工具

图 6-135　调整位置

Step 03 在文字图层上单击鼠标右键，在弹出的快捷菜单中，选择“混合选项”选项，如图 6-136 所示。

Step 04 弹出“图层样式”对话框，选中“渐变叠加”复选框，切换至“渐变叠加”选项卡，如图 6-137 所示。

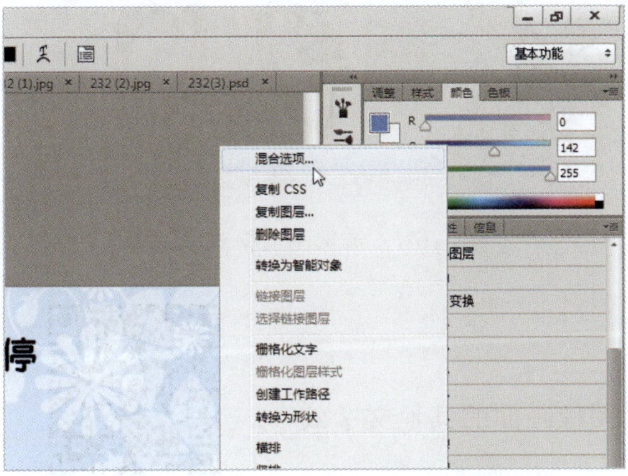

图 6-136　选择“混合选项”选项

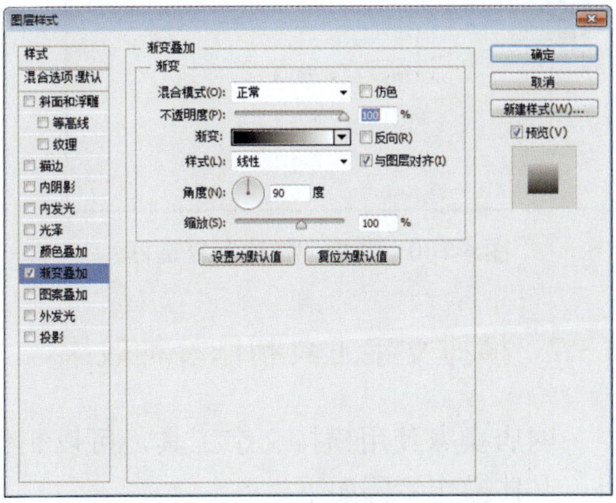

图 6-137　选中“渐变叠加”复选框

Step 05 单击“渐变”右侧的色块，弹出“渐变编辑器”对话框，在渐变条上添加 3 个色标，依次设置为红色（RGB 参数分别为 255、0、0）、黄色（RGB 参数分别为 240、255、0）和红色，如图 6-138 所示。

Step 06 单击“确定”按钮，返回“图层样式”对话框，如图 6-139 所示。

图 6-138　设置参数

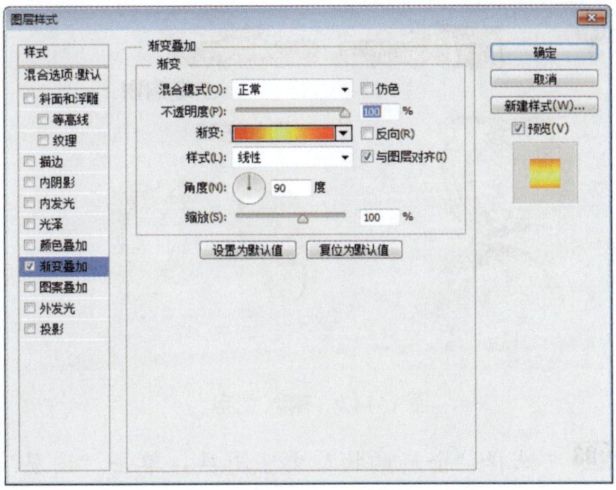

图 6-139　单击“确定”按钮

Step 07 选中“描边”复选框，设置“大小”为 6、“颜色”为深红色（RGB 参数分别为 164、0、0），如图 6-140 所示。

Step 08 单击“确定”按钮，即可为文字添加相应的图层样式，如图 6-141 所示。

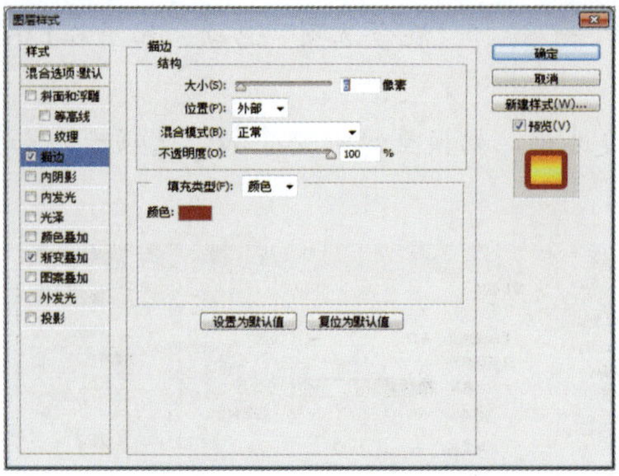

图 6-140　选中“描边”复选框

图 6-141　添加图层样式

6.3.7　横排文字工具制作多种效果

横排文字工具制作多种效果

网店卖家使用横排文字工具，可以制作出图像画面的其他文字效果，具体操作步骤如下。

Step 01　选取工具箱中的横排文字工具，在图像编辑窗口适当位置单击鼠标左键，设置“字体”为“方正粗圆简体”“字体大小”为 50 点，输入相应文字，如图 6-142 所示。

Step 02　选择“店庆 10 周年”文字图层，单击“图层”|“图层样式”|“拷贝图层样式”命令，如图 6-143 所示。

图 6-142　输入文字

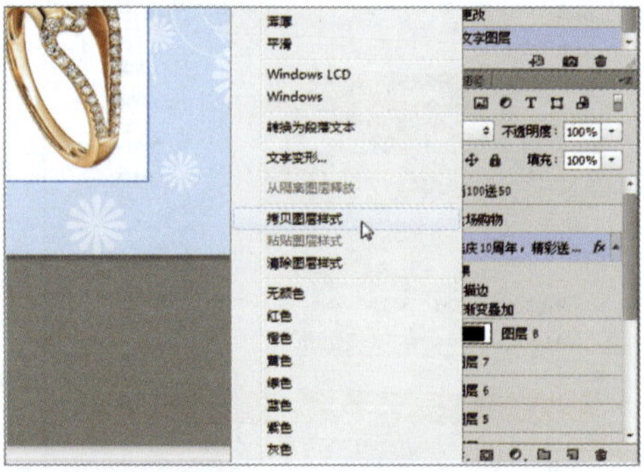

图 6-143　添加图层样式

Step 03　选择“全场购物”文字图层，单击“图层”|“图层样式”|“粘贴图层样式”命令，如图 6-144 所示。

Step 04　执行上述操作后，其文字效果随之改变，如图 6-145 所示。

Step 05　在“全场购物”文字图层的“描边”图层效果上双击鼠标左键，弹出“图层样式”对话框，设置“大小”为 4，如图 6-146 所示。

Step 06　单击“确定”按钮，即可改变描边图层样式，如图 6-147 所示。

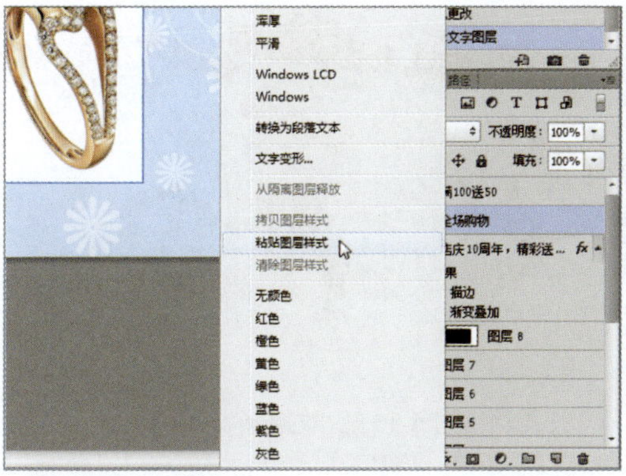

图 6-144　粘贴图层

图 6-145　文字效果

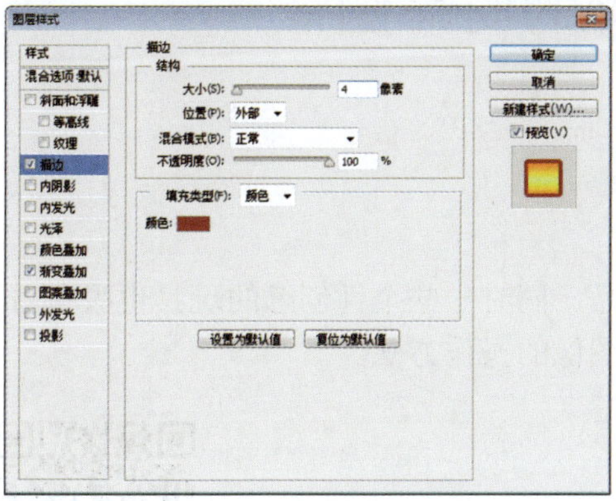

图 6-146　设置大小

图 6-147　改变描边图层样式

Step 07 复制“全场购物”文字图层的图层样式，将其粘贴于“满 100 送 50”文字图层上，其文字效果随之改变，如图 6-148 所示。

Step 08 选择“店庆 10 周年”文字图层，单击“编辑”|“变换”|“旋转”命令，适当调整图像旋转角度，按【Enter】键确认，并将其调整至合适位置，如图 6-149 所示。

图 6-148　复制和粘贴图层

图 6-149　调整位置

Step 09 用与上同样的方法，适当调整其他文字的角度，并移动至合适位置，如图 6-150 所示。

Step 10 按【Ctrl + O】组合键，打开素材图像（素材\项目 6\文字.psd），选取移动工具将其拖曳至新建的图像编辑窗口中的合适位置处，预览效果，如图 6-151 所示。

图 6-150　调整其他文字

图 6-151　效果预览

任务 4　制作玩具店铺的商品图像

任务概述

玩具类是淘宝商品中非常火热且销售非常好的产品，同时一些个性创意的玩具也吸引着很多收藏爱好者。本任务主要介绍制作玩具店铺商品图像的操作方法。

任务重点与实施

6.4.1　运用“新建”命令创建文件

运用“新建”命令创建文件

下面介绍使用“新建”命令，新建商品文件。

Step 01　单击“文件”|“新建”命令，弹出“新建”对话框，如图 6-152 所示。

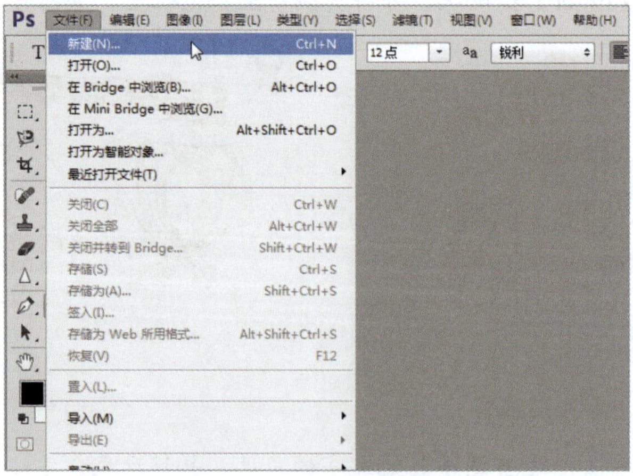

图 6-152　单击“新建”命令

Step 02　输入名称并设置相应参数，如图 6-153 所示。

Step 03　单击“确定”按钮，即可新建一个指定大小的空白文档，如图 6-154 所示。

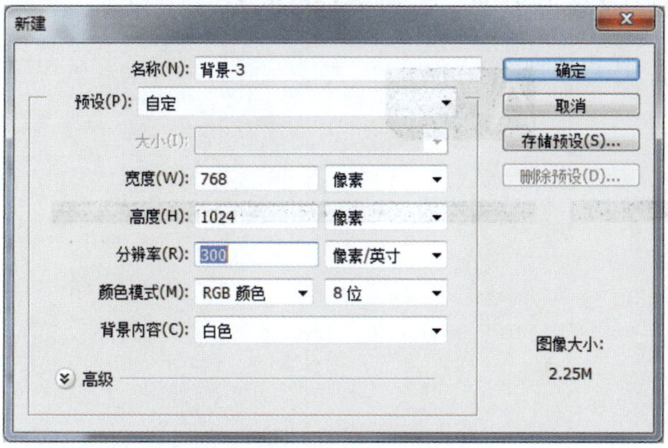

图 6-153　设置新建属性

图 6-154　新建空白文档

6.4.2　运用矩形工具制作背景框架效果

网店卖家通过打开并移动素材，然后通过矩形工具创建黑色矩形，即得到背景框架效果。

运用矩形工具制作背景框架效果

Step 01　单击“视图”|“新建参考线”命令，弹出“新建参考线”对话框，依次在图像窗口中创建位置为 0.2 厘米、2 厘米、5 厘米和 8.3 厘米的水平参考线，创建位置为 3.25 厘米的垂直参考线，如图 6-155 所示。

Step 02　打开素材图像（素材\项目 6\商品展示.psd），选取移动工具，将其拖拽至新建的图像编辑窗口中，适当调整其位置，如图 6-156 所示。

图 6-155　创建垂直参考线

图 6-156　打开素材

Step 03　选取矩形工具，在相应参考线位置，绘制一个高度为 0.3 厘米的矩形，并填充黑色，选择该图层，单击鼠标右键，在弹出的快捷菜单中，选择“栅格化图层”选项，将其转换为图层，如图 6-157 所示。

Step 04 新建图层，选取单行选框工具，在“矩形 1”图层中相应位置，依次绘制直线，填充白色并取消选区，复制矩形并移动至合适位置，如图 6-158 所示。

图 6-157　转换图层

图 6-158　新建图层

Step 05 合并绘制的所有矩形，得到“矩形 1”图层。连续按两次【Ctrl + J】组合键，复制“矩形 1”图层 2 次，并适当调整至相应参考线位置，如图 6-159 所示。

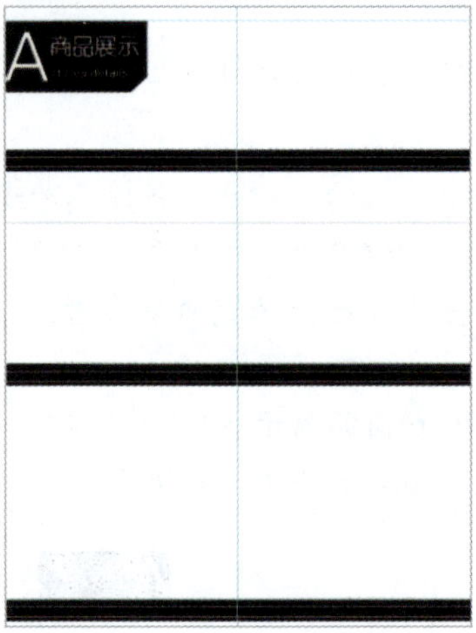

图 6-159　合并绘制所有矩形

6.4.3　运用魔棒工具删除白色背景

运用魔棒工具删除白色背景

网店卖家可以使用魔棒工具删除素材图像的白色背景，并调整图像的位置，得到商品展示效果。

Step 01 打开素材图像（素材\项目 6\笑脸猫（1）.jpg），将其拖拽至新建的图像编辑窗口中，适当调整其大小和位置，利用魔棒工具，删除其白色背景，如图 6-160 所示。

Step 02 用与上同样的方法，打开素材图像（素材\项目 6\笑脸猫（2）.jpg、笑脸猫（3）.jpg），将各素材拖拽至新建的图像编辑窗口中，适当调整其大小和位置，并利用魔棒工具，删除素材图像的白色背景，如图 6-161 所示。

图 6-160　打开素材图像

图 6-161　删除白色背景

Step 03　用与上同样的方法，打开素材图像（素材\项目 6\笑脸猫（4）.psd、笑脸猫（5）.psd），将各素材拖拽至新建的图像编辑窗口中，适当调整其大小和位置，如图 6-162 所示。

图 6-162　拖拽其他图像

6.4.4　运用文字工具添加相应文字

网店卖家可以使用横排文字工具，在商品展示图中添加相应的商品文字说明内容。

运用文字工具添加相应文字

Step 01　选择横排文字工具 T，调出“字符”面板，设置相应参数，输入相应文字，如图 6-163 所示。

Step 02 按【Ctrl + Enter】组合键确认。并用与上同样的方法，在“字符”面板中，设置相应参数，输入相应文字，如图 6-164 所示。

图 6-163　设置参数

图 6-164　选择“字符”面板

Step 03 按【Ctrl + Enter】组合键确认，并移至合适位置。用与上同样的方法，在“字符”面板中，设置相应参数，输入相应文字，如图 6-165 所示，按【Ctrl + Enter】组合键确认，并移至合适位置。

Step 04 用与上同样的方法，在“字符”面板中，设置相应参数，输入相应文字，如图 6-166 所示。

图 6-165　调整合适位置

图 6-166　输入相应文字

Step 05 按【Ctrl + Enter】组合键确认，并移至合适位置。用与上同样的方法，在“字符”面板中，设置相应参数，输入相应文字，如图 6-167 所示。

Step 06 按【Ctrl + Enter】组合键确认，完成相应文字输入，并移至合适位置。用与上同样的方法，在“字符”面板中，设置相应参数，输入相应文字，如图 6-168 所示，按【Ctrl + Enter】组合键确认，完成相应文字输入，并移至合适位置。

图 6-167　输入其他文字

图 6-168　完成文字输入

Step 07　新建图层，选取矩形选框工具，在适当位置绘制矩形框，设置前景色为红色（RGB 参数分别为 255、0、0），按【Alt + Delete】组合键，填充前景色，按【Ctrl + D】组合键，取消选区，并将其调整至“温馨提示”文字图层下方，如图 6-169 所示。

Step 08　单击“视图”|“显示”|“参考线”命令，隐藏参考线，如图 6-170 所示。

图 6-169　新建图层

图 6-170　隐藏参考线

项 目 小 结

本项目首先介绍了广告特效的制作；其次介绍了手包店铺商品图像的制作方法；再次介绍了淘宝店庆广告效果的制作方法；最后介绍了玩具店铺制作方法。通过本项目的学习，学生能够熟练掌握商品图像广告的制作方法和技巧，制作出更多精美、大气的商品图像。

项目习题

项目习题

鉴于本项目知识的重要性，为了帮助学生更好地掌握所学知识，本项目将通过上机习题，帮助学生进行简单的知识回顾和补充。

本习题需要掌握使用“可调角照片边”特效的方法，效果如图 6-171 所示。

图 6-171　女鞋网店效果

项目 7　网店装修设计实战

项目概述

在淘宝和天猫的众多网店中，各行业的装修风格也是层出不穷，其中美食和美妆一直是行业中的热门。本项目将以装修与设计美食网店和美妆网店为例，详细介绍具体的操作流程。

知识目标

- ➢ 掌握美食网店设计实例。
- ➢ 掌握网店色彩层次搭配的设计技巧。

素质目标

- ➢ 培养学生的实践动手能力和操作意识，增强学生创新意识。
- ➢ 引导学生树立正确的社会责任观念，提高学生效果设计的能力。

任务 1　美食网店设计实战

任务概述

美食商品是淘宝天猫网店上的热门商品，本案例将对美食网店设计进行实战分析讲解。

任务重点与实施

1．布局策划解析

本实例是为零食产品设计网店首页，在设计中使用了淡黄色作为背景色调，搭配蓝色欢迎模块和色彩绚丽的商品，让色彩的风格形成碰撞的感觉，具体制作和分析如下。

（1）欢迎模块：欢迎模块中使用天蓝色加商品图片作为背景，搭配多组文字信息，错落有致的文字让编排更显灵活，同时适当的留白增加了版式的艺术感，也为顾客留下了想象的空间。

（2）商品推荐区：该区域中包含了多个线条，线条将画面进行了分割，通过这些线条的运用，让顾客的视线能够随着线条进行移动，在线条的间隙中放置的商品和标题文字，给人一种节奏感和韵律感。

（3）商品展示区：该区域分别包含了 4 种不同的商品，虽然都是以正方形作为展示的外形，但使用色彩和谐的标签对商品的名称和价格进行填充，使得版式布局活泼、可爱，不至于呈现呆板的效果，能够与商品精致俏皮的形象一致。

（4）底部功能区：该区域使用圆形对画面进行分割和布局，让画面充满设计感，且让顾客对各功能按钮一目了然。

2．主色调：低纯度黄色色调

本案例在色彩设计的过程中，使用了低纯度的黄色系作为网页的背景色，用高明度的色彩作为商品的颜色，让商品显得琳琅满目，对商品的推广有着推动作用。

（1）页面背景及设计元素配色：低纯度黄色系，如图 7-1 所示。

R240、G216、B168；C9、M18、Y38、K0	R251、G196、B18；C6、M29、Y89、K0	R249、G158、B79；C2、M50、Y70、K0	R210、G185、B57；C25、M34、Y84、K0	R214、G130、B40；C21、M58、Y90、K0

图 7-1　低纯度黄色系

（2）商品及商品背景配色：高明度色彩，如图 7-2 所示。

R115、G197、B255；C53、M12、Y0、K0	R254、G165、B187；C0、M49、Y12、K0	R250、G75、B118；C0、M83、Y33、K0	R198、G28、B55；C28、M98、Y79、K0	R253、G241、B69；C8、M3、Y77、K0

图 7-2　高明度色彩

本任务介绍美食网店装的实战操作过程，主要可以分为制作店招和网店导航、首页欢迎模块、商品推荐区、商品展示区、底部功能区等几部分，本案例最终效果如图 7-3 所示。

图 7-3　美食网店首页最终效果

7.1.1　设计美食网店的导航条和店招

设计美食网店的导航条和店招

下面为学生介绍食品网店店招和导航的制作。

Step 01 单击“文件”|“新建”命令，弹出“新建”对话框，设置“名称”为“食品网店装修设计”“宽度”为 1 440 像素、“高度”为 3 200 像素、“分辨率”为 300 像素/英寸、“颜色模式”为“RGB 颜色”“背景内容”为“白色”，单击“创建”按钮，新建一幅空白图像，如图 7-4 所示。

Step 02 设置前景色为淡黄色（RGB 参数值分别为 240、216、168），按【Alt + Delete】组合键，为“背景”图层填充前景色，如图 7-5 所示。

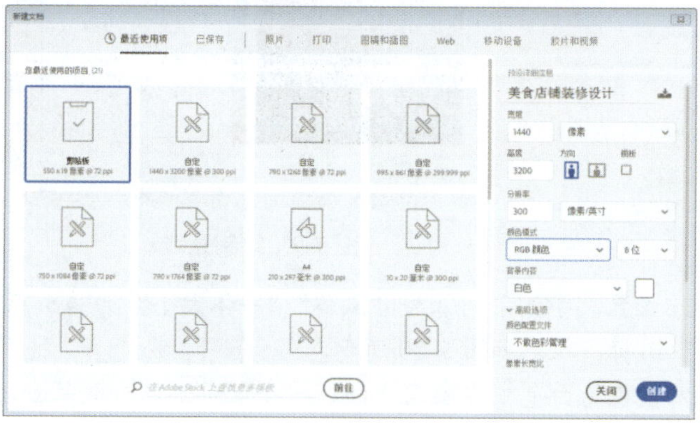

图 7-4　新建图像文件

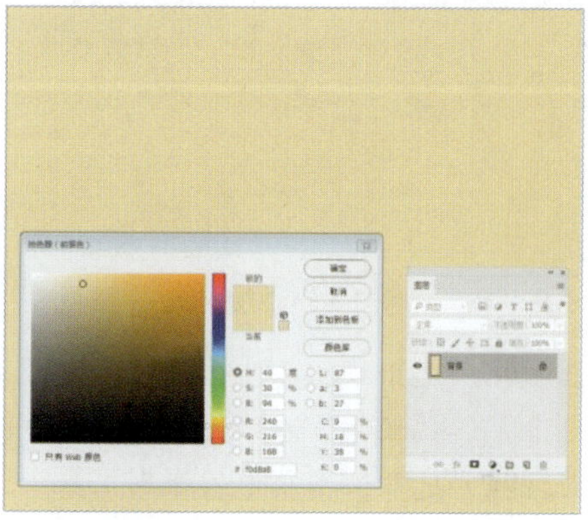

图 7-5　填充“背景”图层

Step 03 新建“图层 1”图层，运用矩形选框工具创建一个矩形选区，如图 7-6 所示。

Step 04 设置前景色为红色（RGB 参数值分别为 250、75、118），为选区填充颜色，并取消选区，如图 7-7 所示。

图 7-6　创建矩形选区

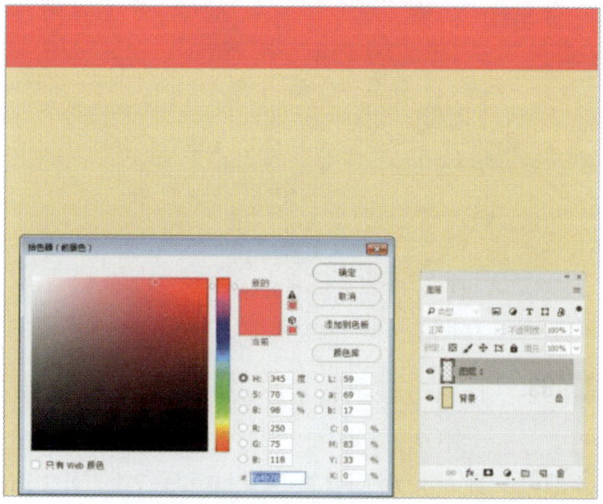

图 7-7　填充选区

Step 05 打开素材图像（素材\项目 7\图像 1.psd），运用移动工具将素材图像拖曳至背景图像编辑窗口中的合适位置处，如图 7-8 所示。

Step 06 选取工具箱中的直线工具，设置前景色为粉红色（RGB 参数值分别为 254、165、187）、“粗细”为 2 像素，在图像中绘制一条直线形状，效果如图 7-9 所示。

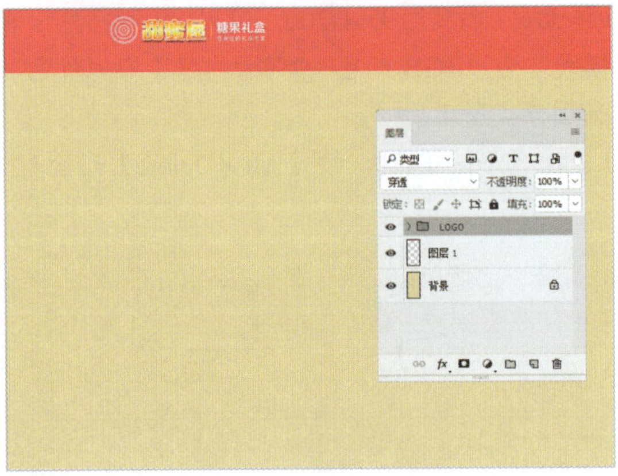

图 7-8 添加 LOGO 素材

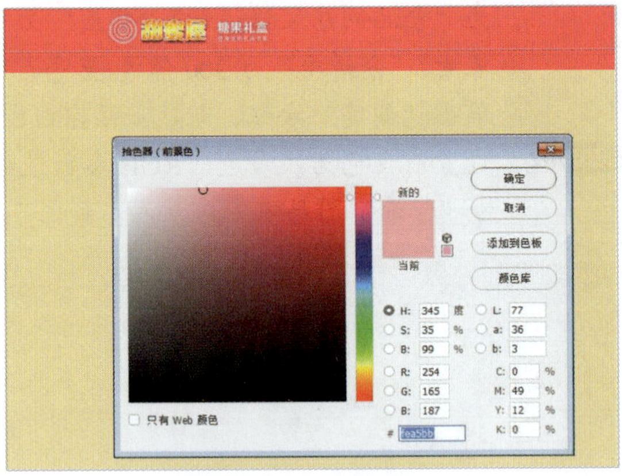

图 7-9 绘制直线

Step 07 运用横排文字工具输入相应文字，设置“字体系列”为“黑体”“字体大小”为 4.5 点、“颜色”为白色，激活“仿粗体”图标，效果如图 7-10 所示。

Step 08 选取工具箱中的矩形工具，设置前景色为白色，在图像中绘制一个矩形形状，效果如图 7-11 所示。

图 7-10 输入相应文字

图 7-11 绘制矩形形状

Step 09 将矩形形状图层下移一层，并在“字符”面板中将“首页”文字的“颜色”设置为红色（RGB 参数值分别为 250、75、118），效果如图 7-12 所示。

Step 10 打开素材图像（素材\项目 7\图像 2.jpg），运用移动工具将素材图像拖曳至背景图像编辑窗口中的合适位置处，效果如图 7-13 所示。

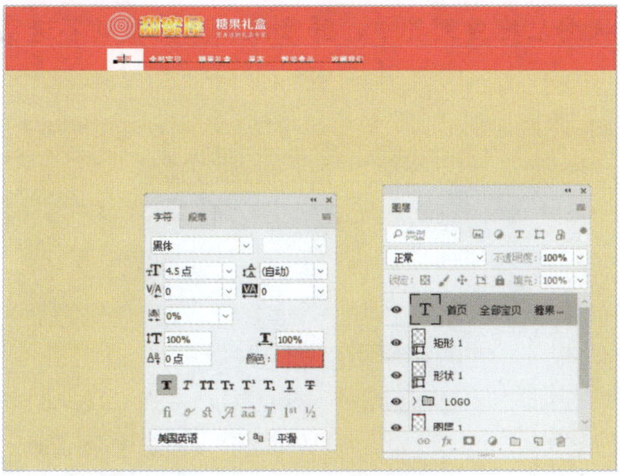

图 7-12　修改文字颜色

图 7-13　添加商品素材

7.1.2　设计美食网店的首页欢迎模块

设计美食网店的首页欢迎模块

下面为学生介绍食品网店首页欢迎模块的制作。

Step 01　新建“图层 3”图层，运用矩形选框工具创建一个矩形选区，如图 7-14 所示。

Step 02　设置前景色为蓝色（RGB 参数值分别为 115、197、255），为选区填充颜色，并取消选区，如图 7-15 所示。

图 7-14　创建矩形选区

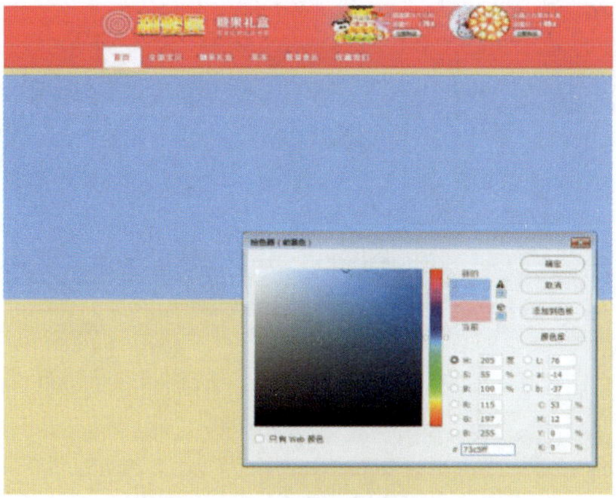

图 7-15　填充并取消选区

▶ 专家指点

对齐图层是将图像文件中包含的图层按照指定的方式（沿水平或垂直方向）对齐；分布图层是将图像文件中的几个图层中的内容按照指定的方式（沿水平或垂直方向）平均分布，将当前选择的多个图层或链接图层进行等距排列。

Step 03　设置前景色为白色，选取工具箱中的自定形状工具，设置“形状”为“云彩 1”，在蓝色背景上绘制多个云彩形状，效果如图 7-16 所示。

Step 04 创建“云彩”图层组，将所绘制的云彩形状图层拖曳到其中，并修改相应图层的不透明度，效果如图 7-17 所示。

图 7-16　绘制多个云彩形状

图 7-17　管理云彩图层

Step 05 打开素材图像（素材\项目 7\图像 3.jpg），运用移动工具将素材图像拖曳至背景图像编辑窗口中的合适位置处，如图 7-18 所示。

Step 06 运用魔棒工具在商品图像的白色背景上创建选区，按【Delete】键删除选区内的图像，并取消选区，如图 7-19 所示。

图 7-18　添加商品素材

图 7-19　抠图

Step 07 打开素材图像（素材\项目 7\图像 4.psd），运用移动工具将素材图像拖曳至背景图像编辑窗口中的合适位置处，如图 7-20 所示。

Step 08 运用横排文字工具在图像上输入相应文字，设置“字体系列”为“方正粗宋简体”“字体大小”为 16 点、“颜色”为黄色（RGB 参数值分别为 253、241、69），效果如图 7-21 所示。

图 7-20　添加装饰素材

图 7-21　输入相应文字

Step 09　为文字图层添加“投影”图层样式，设置“距离”为 1 像素、“大小”为 1 像素，效果如图 7-22 所示。

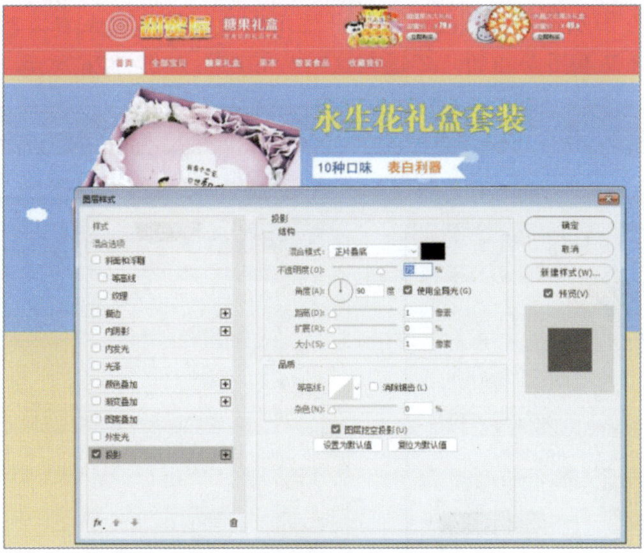

图 7-22　添加“投影”图层样式

7.1.3　设计美食网店的商品推荐区

设计美食网店的商品推荐区

下面为学生介绍食品网店商品推荐区的制作。

Step 01　设置前景色为白色，运用圆角矩形工具绘制一个白色的圆角矩形形状，设置相应的属性选项，如图 7-23 所示。

Step 02　打开素材图像（素材\项目 7\图像 5.psd），运用移动工具将素材图像拖曳至背景图像编辑窗口中的合适位置处，如图 7-24 所示。

图 7-23　绘制圆角矩形形状

图 7-24　添加分隔线素材

Step 03　选取工具箱中的渐变工具，打开“渐变编辑器”对话框，设置渐变色为黑色到白色（50%位置），再到黑色的线性渐变，如图 7-25 所示。

Step 04　为“分隔线”图层组添加图层蒙版，并运用渐变工具从左至右填充图层蒙版，隐藏部分图像效果，并设置图层组的“不透明度”为 60%，如图 7-26 所示。

> ▶ **专家指点**
>
> 在“背景”图层中不能创建矢量蒙版，所以要先将“背景”图层进行复制。

图 7-25　设置渐变色

图 7-26　设置图层组效果

> ▶ **专家指点**
>
> 在 Photoshop 中，蒙版图层不同于快速蒙版和通道蒙版，图层蒙版是在当前图层上创建一个蒙版层，该蒙版层与创建蒙版的图层只是链接关系，所以无论如何修改蒙版，都不会对该图层上的图像造成任何影响。而快速蒙版和通道蒙版只是应用于选择区域，并不属于任何的图层。

Step 05 设置前景色为黄色（RGB 参数值分别为 210、175、57），运用直线工具绘制一条“粗细”为 2 像素的直线形状，如图 7-27 所示。

Step 06 复制直线形状，将其拖曳至合适位置处，效果如图 7-28 所示。

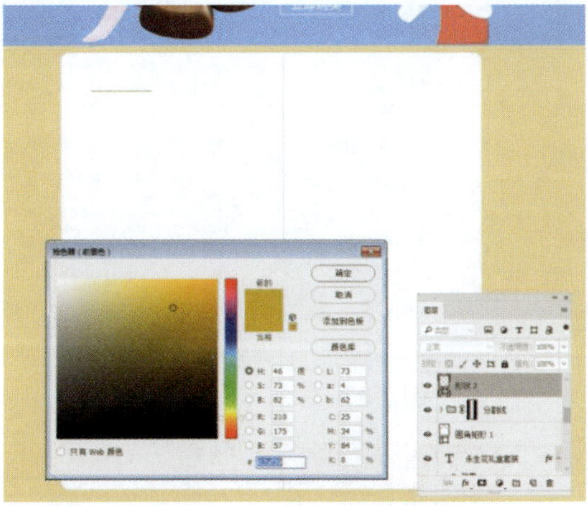

图 7-27　绘制直线形状

图 7-28　复制直线形状

Step 07 运用横排文字工具在图像上输入相应文字，设置“字体系列”为“方正粗宋简体”“字体大小”为 6 点，效果如图 7-29 所示。

Step 08 为文字图层添加“渐变叠加”图层样式，设置渐变色为浅黄色（RGB 参数值分别为 255、191、6）到金黄色（RGB 参数值分别为 214、130、40），并选中“反向”复选框，如图 7-30 所示。

图 7-29　输入相应文字

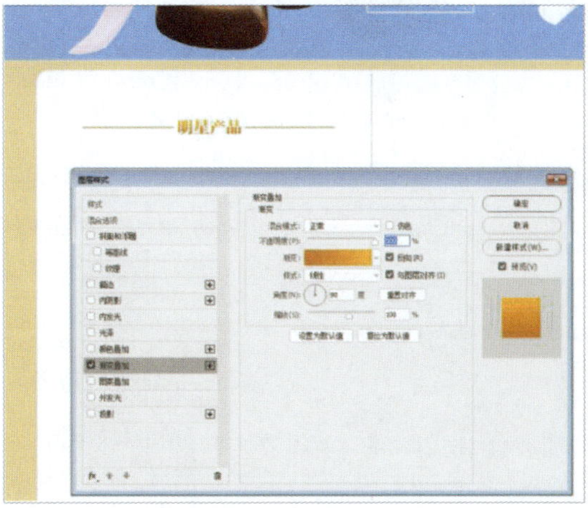

图 7-30　添加“渐变叠加”图层样式

Step 09 为文字图层添加“投影”图层样式，设置“距离”为 1 像素、“大小”为 1 像素，效果如图 7-31 所示。

Step 10 选取工具箱中的自定形状工具，设置“形状”为“皇冠 1”，在文字上绘制“皇冠 1”形状，效果如图 7-32 所示。

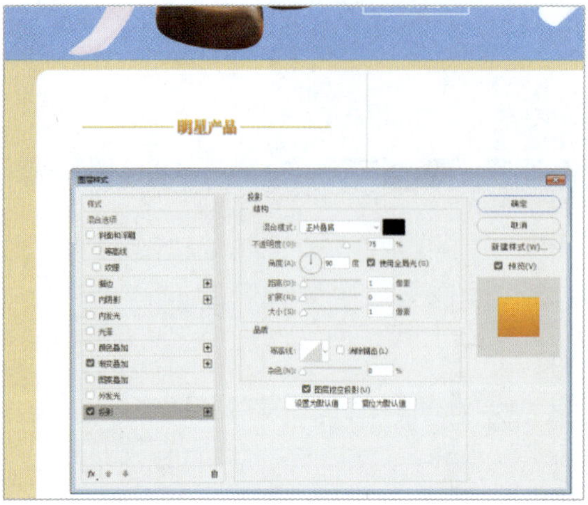

图 7-31　添加“投影”图层样式

图 7-32　绘制皇冠图像

▶ 专家指点

在“图层”面板中选择文字图层，单击鼠标右键，选择“创建工作路径”选项，可以制作文字路径。

在将文字转换为路径后，原文字属性不变，产生的工作路径可以应用填充和描边，或者通过调整描点得到变形文字。

Step 11 复制文字图层的图层样式，并将其粘贴到皇冠形状图层上，效果如图 7-33 所示。

Step 12 创建“标题栏”图层组，将相应图层拖曳到其中，如图 7-34 所示。

图 7-33　复制并粘贴图层样式

图 7-34　管理图层

Step 13 打开素材图像（素材\项目 7\图像 6.psd），运用移动工具将素材图像拖曳至背景图像编辑窗口中的合适位置处，如图 7-35 所示。

Step 14 用与上同样的方法，添加其他的商品素材图像，效果如图 7-36 所示。

图 7-35　移动素材至合适位置

图 7-36　添加其他商品素材图像

7.1.4　设计美食网店的商品展示区

设计美食网店的商品展示区

下面为学生介绍食品网店商品展示区的制作。

Step 01　复制前面绘制的白色圆角矩形形状，并适当调整其位置和大小，如图 7-37 所示。

Step 02　设置前景色为黄色（RGB 参数值分别为 251、196、18），运用圆角矩形工具绘制一个圆角矩形形状，如图 7-38 所示。

图 7-37　复制图形

图 7-38　绘制圆角矩形形状

Step 03　运用横排文字工具在图像上输入相应文字，设置“字体系列”为“方正粗宋简体”“字体大小”为 12 点、“颜色”为白色，并为文字图层添加“投影”图层样式，设置“距离”与“大小”均为 2 像素，效果如图 7-39 所示。

Step 04　打开素材图像（素材\项目 7\图像 8.psd），运用移动工具将素材图像拖曳至背景图像编辑窗口中，并调整其大小和位置，如图 7-40 所示。

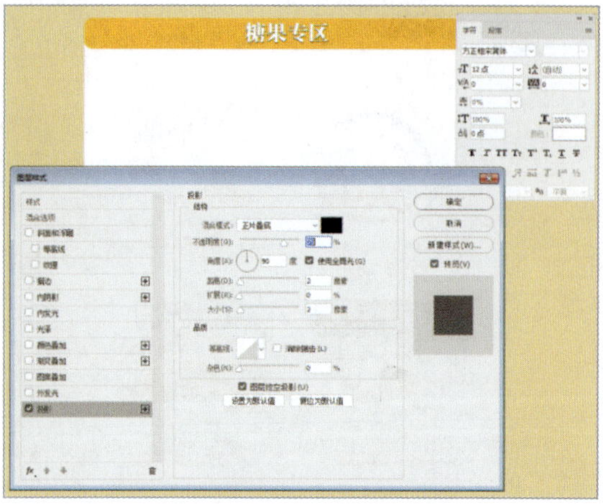

图 7-39　输入并设置文字

图 7-40　添加商品素材

Step 05 运用横排文字工具在图像上输入相应文字，设置“字体系列”为“黑体”“字体大小”为 6 点、“颜色”为红色（RGB 参数值分别为 255、75、116），如图 7-41 所示。

Step 06 运用横排文字工具在图像上输入相应文字，设置“字体系列”为“黑体”“字体大小”为 3.5 点、“颜色”为黑色，效果如图 7-42 所示。

图 7-41　输入相应文字（1）

图 7-42　输入相应文字（2）

Step 07 选择“49.9”文字，在“字符”面板中设置“字体系列”为“方正粗宋简体”“颜色”为黄色（RGB 参数值分别为 249、158、79），设置“字体大小”分别为 12 点和 9 点，如图 7-43 所示。

Step 08 打开素材图像（素材\项目 7\图像 9.psd），运用移动工具将素材图像拖曳至背景图像编辑窗口中的合适位置处，如图 7-44 所示。

Step 09 设置前景色为红色（RGB 参数值分别为 250、75、110），运用矩形工具绘制一个矩形形状，如图 7-45 所示。

Step 10 运用横排文字工具在图像上输入相应文字，设置“字体系列”为“黑体”“字体大小”为 5 点、“颜色”为白色，效果如图 7-46 所示。

图 7-43　修改文字属性

图 7-44　添加符号素材

图 7-45　绘制矩形形状

图 7-46　输入相应文字（3）

Step 11　打开素材图像（素材\项目 7\图像 10.psd），运用移动工具将素材图像拖曳至背景图像编辑窗口中的合适位置处，如图 7-47 所示。

Step 12　创建“商品”图层组，将前面制作的商品展示相关图层移动到其中，并复制该图层组，将复制后的图像移动至合适位置处，如图 7-48 所示。

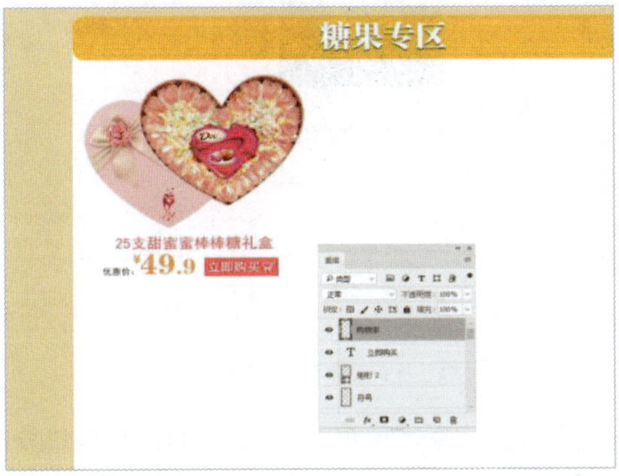

图 7-47　添加购物车素材

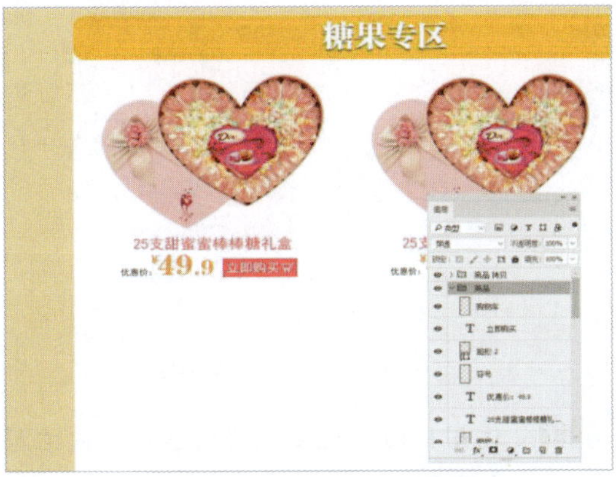

图 7-48　管理并复制图层组

Step 13 用与上同样的方法复制图层组，并调整图像位置，效果如图 7-49 所示。

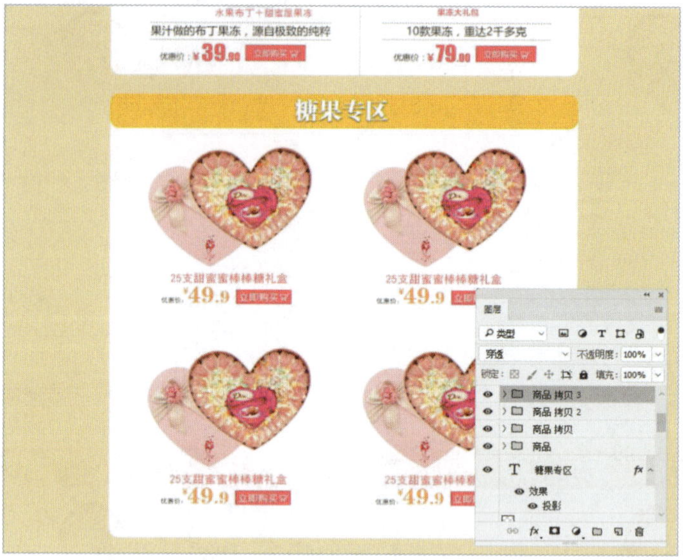

图 7-49　复制并调整图像位置

7.1.5　设计美食网店的底部功能区

设计美食网店的底部功能区

下面为学生介绍食品网店底部功能区的制作。

Step 01 新建“图层 7”图层，运用椭圆选框工具创建一个圆形选区，并填充白色，如图 7-50 所示。

Step 02 运用椭圆选框工具将选区向右移动至合适位置，并为选区填充黄色（RGB 参数值分别为 247、186、18），效果如图 7-51 所示。

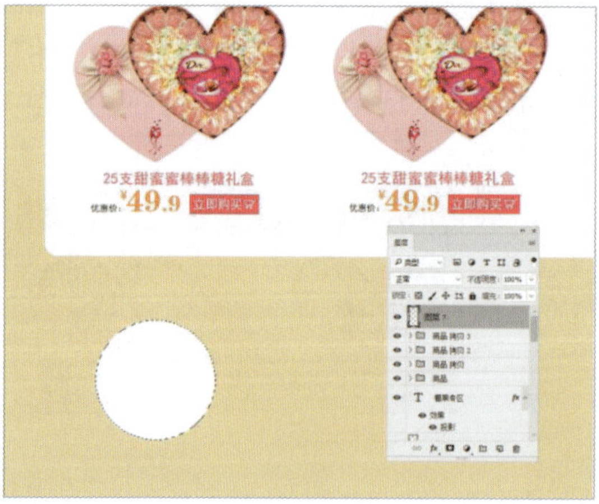

图 7-50　创建并填充选区

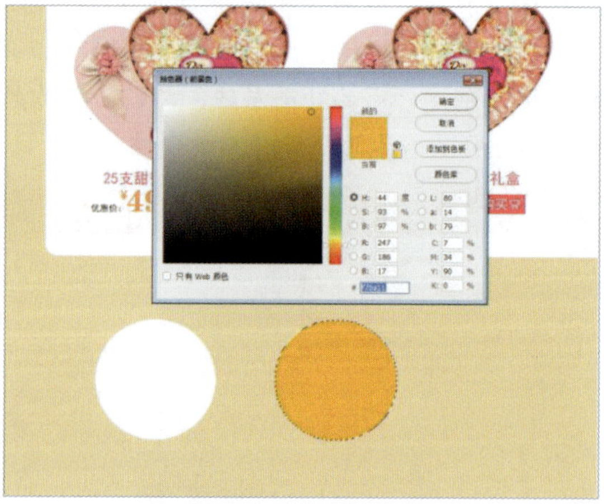

图 7-51　复制并填充选区（1）

Step 03 运用椭圆选框工具将选区继续向右移动至合适位置，为选区填充绿色（RGB 参数值分别为 99、182、190），并取消选区，效果如图 7-52 所示。

Step 04 设置前景色为红色（RGB 参数值分别为 198、28、55），运用自定形状工具绘制一个“红心形卡”形状，效果如图 7-53 所示。

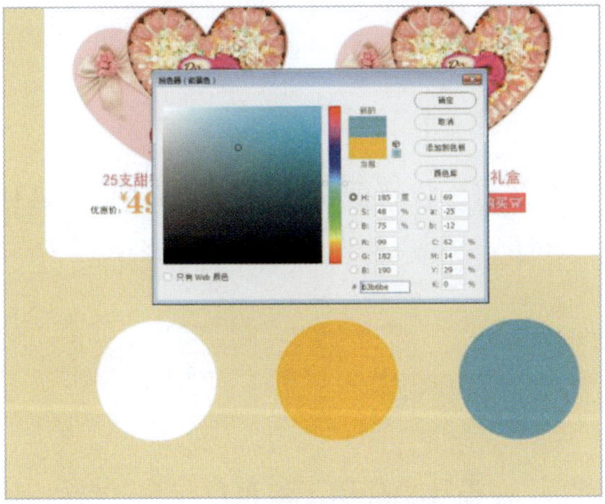

图 7-52　复制并填充选区（2）

图 7-53　绘制“红心形卡”形状

▶ 专家指点

沿路径输入文字时，文字将沿着锚点添加到路径方向。如果在路径上输入横排文字，文字方向将与基线垂直；当在路径上输入直排文字时，文字方向将与基线平行。

Step 05 运用横排文字工具在图像上输入相应文字，设置“字体系列”为“方正粗宋简体”“字体大小”为 6 点、“行距”为 6 点、“颜色”为红色（RGB 参数值分别为 198、28、55），如图 7-54 所示。

Step 06 打开素材图像（素材\项目 7\图像 11.psd），运用移动工具将素材图像拖曳至背景图像编辑窗口中的合适位置处，效果如图 7-55 所示。

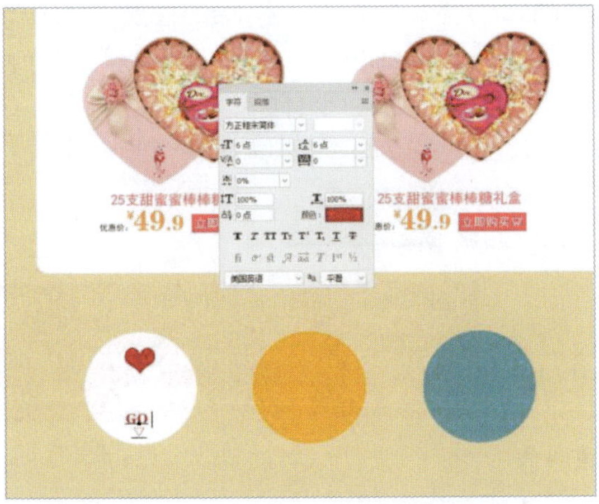

图 7-54　输入相应文字（字符面板字体）

图 7-55　添加文字素材

任务 2　美妆网店设计实战

任务概述

化妆品是淘宝天猫网店上的热门销售商品，本案例将对妆品行业中的美妆网店设计进行实战分析和讲解。

任务重点与实施

1．布局策划解析

本实例是为某品牌的美肤化妆产品设计网店首页，在设计中使用了淡黄色作为背景色调，搭配蓝色来营造出淡雅、温暖的视觉效果，具体的制作和分析如下。

（1）欢迎模块：欢迎模块中使用商品图像与标题文字组合的方式进行表现，两者各占据画面的二分之一，形成自然的对称效果，平衡了画面的信息表现力。

（2）促销方案：该区域使用大小相同的矩形对画面进行分割，显得很整齐，能够完整地表现出每个促销方案的特点和形象。

（3）商品展示区：该区域使用商品图片与文字结合的方式进行表现，每组信息中的文字和产品位置刚好相反，与下面的当季热销区中的商品刚好形成 S 形的视觉引导线。

（4）热销商品区：该区域背景使用了色彩较明亮的天蓝色进行修饰，避免单一色彩带来的呆板感觉。

2．主色调：粉色与红色多层次搭配

本案例在色彩设计的过程中，使用了粉色作为画面的背景，营造出温暖的感觉。而在设计元素的配色上，也迎合粉色的暖色调特点，使用了红色、玫红色彩对文字、标签等进行修饰，并使用粉紫色作为欢迎模块和热销商品区的背景色调，让画面整体的色彩搭配协调而统一。除此之外，美妆产品的配色主要以高纯度和高明度的色彩为主，能够从整个画面中脱颖而出，显得醒目而清晰。

（1）页面背景及设计元素配色：粉色调系，如图 7-56 所示。

R245、G236、B202 C6、M8、Y25、K0	R170、G159、B255 C44、M35、Y0、K0	R255、G221、B255 C9、M14、Y0、K0	R242、G48、B101 C4、M90、Y42、K0	R250、G14、B76 C0、M95、Y57、K0

图 7-56　粉色调系

（2）商品及商品背景配色：高纯度与高明度色彩，如图 7-57 所示。

R255、G221、B255 C9、M14、Y0、K0	R177、G3、B7 C20、M94、Y100、K10	R125、G59、B108 C50、M81、Y18、K19	R255、G102、B112 C0、M74、Y43、K0	R255、G43、B107 C0、M90、Y36、K0

图 7-57　高纯度与高明度色彩

本任务主要介绍美妆网店装修的实战操作过程，可以分为制作店招和网店导航、首页欢迎模块、促销方案、商品展示区、热销商品区等几部分，本案例最终效果，如图 7-58 所示。

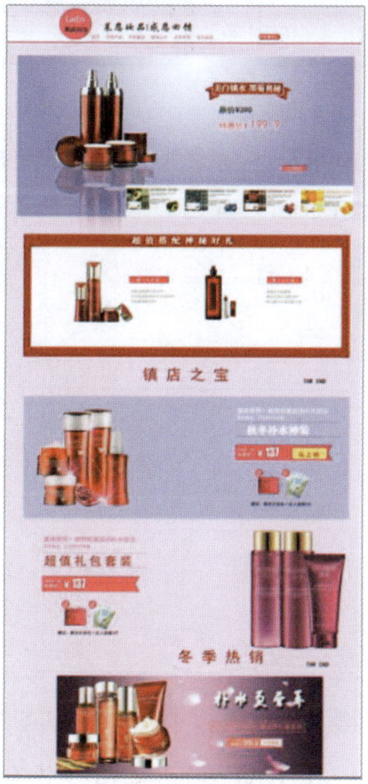

图 7-58　美妆网店首页最终效果

7.2.1　设计美妆网店的店招和导航条

设计美妆网店的店招和导航条

下面为学生介绍美妆网店案例网店店招和导航的效果制作。

Step 01 单击“文件”|“新建”命令，弹出“新建”对话框，设置“名称”为“美妆网店装修设计”“宽度”为 1 440 像素、“高度”为 3 200 像素、“分辨率”为 300 像素/英寸、“颜色模式”为“RGB 颜色”“背景内容”为“白色”，单击“确定”按钮，新建一幅空白图像，如图 7-59 所示。

Step 02 设置前景色为淡粉色（RGB 参数值分别为 255、221、255），按【Alt + Delete】组合键，为“背景”图层填充前景色，如图 7-60 所示。

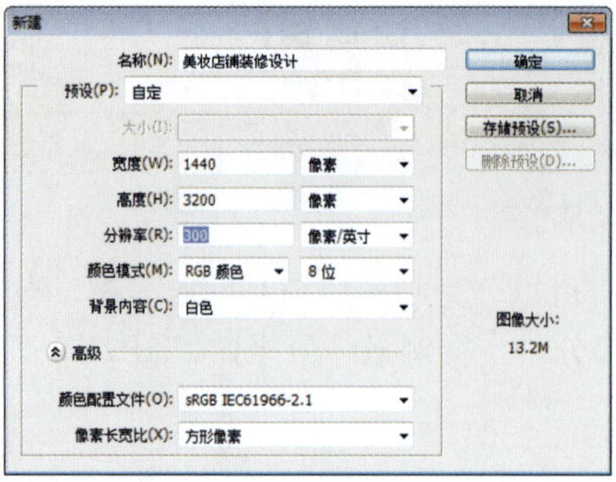

图 7-59　新建图像文件

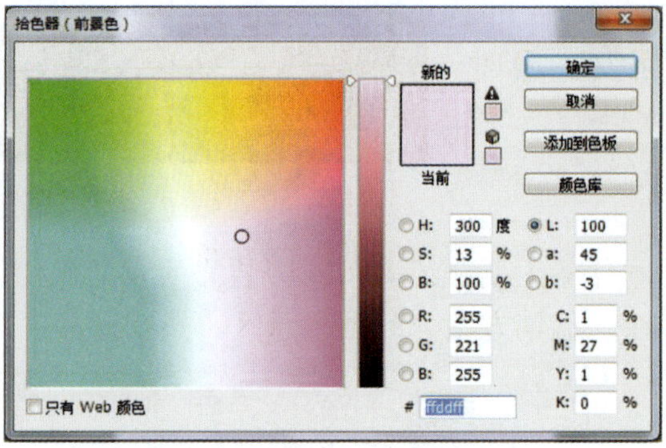

图 7-60　填充“背景”图层

Step 03　新建“图层 1”图层，运用矩形选框工具创建一个矩形选区，如图 7-61 所示。

Step 04　运用渐变工具为选区填充前景色到白色的线性渐变，并且取消选区，如图 7-62 所示。

图 7-61　创建矩形选区　　图 7-62　为选区填充渐变色

Step 05　打开素材图像（素材\项目 7\LOGO.psd），运用移动工具将素材图像拖曳至背景图像编辑窗口中的合适位置处，如图 7-63 所示。

Step 06　选取工具箱中的直线工具，设置描边颜色为红色（RGB 参数值分别为 241、46、114）、“设置形状描边宽度”为 5 点，在图像中绘制一条直线，效果如图 7-64 所示。

图 7-63　添加 LOGO 素材

图 7-64　绘制一条直线

Step 07 栅格化形状图层，运用椭圆选框工具在直线上创建一个椭圆选区，并按【Delete】键删除选区内的图像，如图 7-65 所示。

Step 08 新建“图层 2”图层，为选区添加描边，设置“宽度”为 2 像素、“颜色”为红色（RGB 参数值分别为 241、46、114），并取消选区，效果如图 7-66 所示。

图 7-65　删除选区内的图像

图 7-66　添加描边

Step 09 运用横排文字工具输入相应文字，设置“字体系列”为“黑体”“字体大小”为 4 点、“颜色”为红色（RGB 参数值分别为 241、46、114），效果如图 7-67 所示。

Step 10 打开素材图像（素材\项目 7\收藏按钮.psd），运用移动工具将素材图像拖曳至背景图像编辑窗口中的合适位置处，效果如图 7-68 所示。

图 7-67　输入相应文字

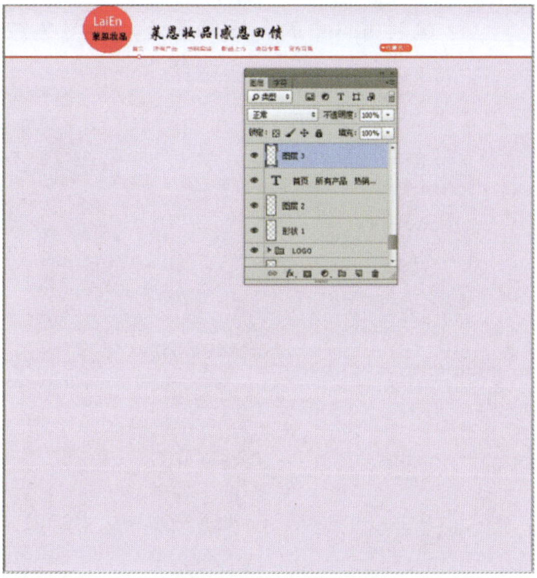

图 7-68　添加素材

7.2.2 设计美妆网店的首页欢迎模板

设计美妆网店的首页欢迎模板

下面为学生介绍美妆网店案例网店首页欢迎模块的效果制作。

Step 01 新建“图层 4”图层，运用矩形选框工具创建一个矩形选区，如图 7-69 所示。

Step 02 选取工具箱中的渐变工具，设置渐变色为白色到蓝色（RGB 参数值分别为 170、159、255），如图 7-70 所示。

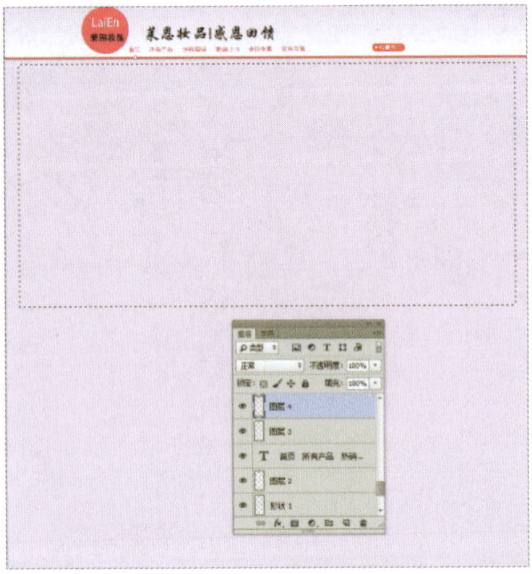

图 7-69 创建矩形选区

图 7-70 设置渐变色

Step 03 在工具属性栏中单击“径向渐变”按钮，在选区内拖曳鼠标填充渐变色，效果如图 7-71 所示。

Step 04 打开素材图像（素材\项目 7\商品图片 1.psd），运用移动工具将素材图像拖曳至背景图像编辑窗口中的合适位置处，如图 7-72 所示。

图 7-71 填充渐变色

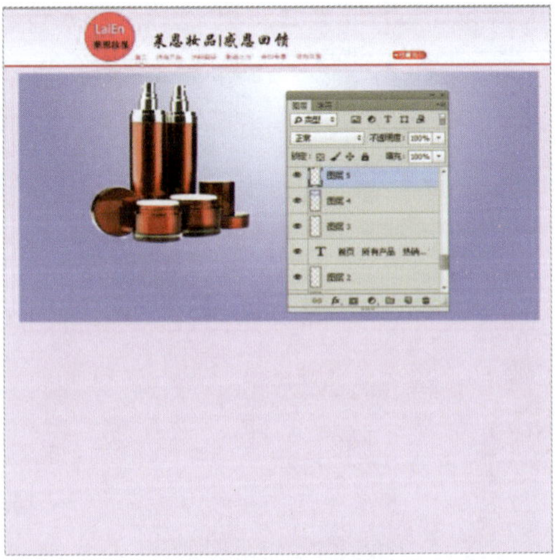

图 7-72 添加背景素材图像

Step 05 单击“图像”|“调整”|“亮度/对比度”命令，弹出“亮度/对比度”对话框，设置“亮度”为 12、“对比度”为 9，单击“确定”按钮，效果如图 7-73 所示。

Step 06 复制商品图层，将其进行垂直翻转并调整至合适位置处，效果如图 7-74 所示。

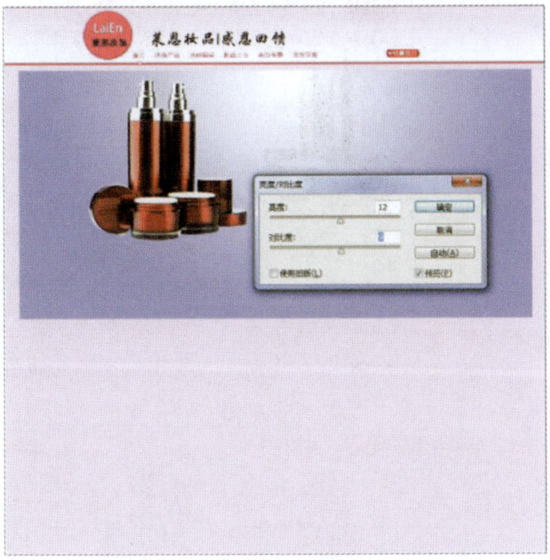

图 7-73　设置“亮度/对比度”

图 7-74　复制并调整图像

Step 07 为拷贝的图层添加图层蒙版，并填充黑色到白色的线性渐变，设置图层的“不透明度”为 30%，效果如图 7-75 所示。

Step 08 打开素材图像（素材\项目 7\装饰.psd），运用移动工具将素材图像拖曳至背景图像编辑窗口中的合适位置处，如图 7-76 所示。

图 7-75　制作倒影效果

图 7-76　添加装饰素材

Step 09 为“装饰”图层添加默认的“外发光”图层样式，效果如图 7-77 所示。

Step 10 运用横排文字工具在图像上输入相应文字，设置“字体系列”为“方正粗宋简体”“字体大小”为 8 点、“颜色”为白色，如图 7-78 所示。

Step 11 运用横排文字工具在图像上输入相应文字，设置“字体系列”为“黑体”“字体大小”为 8 点、“颜色”为黑色，并激活“删除线”图标，效果如图 7-79 所示。

Step 12 运用横排文字工具在图像上输入相应文字，设置“字体系列”为“黑体”“字体大小”为8点、“颜色”为红色（RGB参数值分别为242、48、101），如图7-80所示。

图7-77　添加“外发光”图层样式

图7-78　输入文字（1）

图7-79　输入文字（2）

图7-80　输入文字（3）

▶ 专家指点

隐藏图层样式后，可以暂时将图层样式进行清除，并可以重新显示，而删除图层样式，则是将图层中的图层样式进行彻底清除，无法还原。在Photoshop中，隐藏图层样式后，可以暂时将图层样式进行清除，并可以重新显示。隐藏图层样式，可以执行以下两种操作方法。

图标： 在“图层”面板中单击图层样式名称左侧的眼睛图标，可在显示的图层样式进行隐藏。

快捷菜单： 在任意一个图层样式名称上单击鼠标右键，在弹出的菜单列表中选择“隐藏所有效果”即可隐藏当前图层样式效果。

Step13　选中 199.9 文字，在“字符”面板中设置“字体大小”为 12 点，效果如图 7-81 所示。

Step14　双击文字图层，弹出“图层样式”对话框，选中“描边”复选框，设置“大小”为 3 像素、“颜色”为白色，单击“确定”按钮，应用图层样式，效果如图 7-82 所示。

图 7-81　设置文字大小

图 7-82　添加图层样式

Step15　打开素材图像（素材\项目 7\首页链接.psd），运用移动工具将素材图像拖曳至背景图像编辑窗口中的合适位置处，并适当调整各图像的位置，效果如图 7-83 所示。

图 7-83　添加链接素材

7.2.3　设计美妆网店的促销方案

设计美妆网店的促销方案

下面为学生介绍美妆网店案例网店促销方案的效果制作。

Step01　运用矩形工具在欢迎模块下方绘制一个红色（RGB 参数值分别为 177、3、11）的矩形形状，如图 7-84 所示。

Step 02 用与上同样的方法绘制一个白色的矩形形状，并适当调整其位置，如图 7-85 所示。

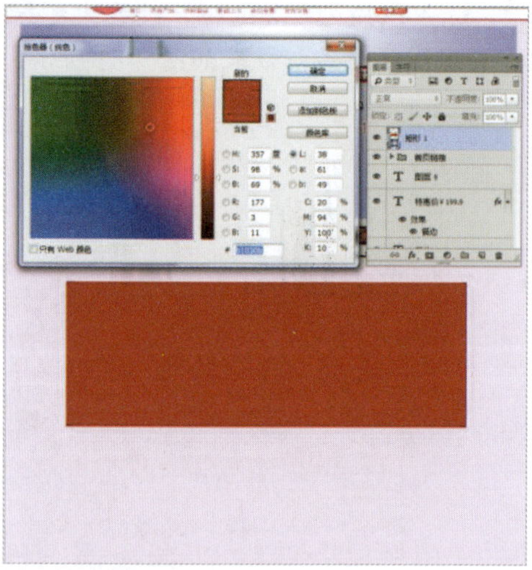

图 7-84　绘制矩形形状（1）

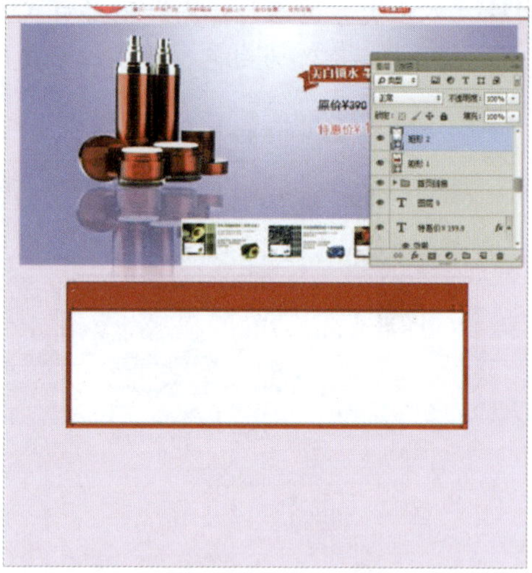

图 7-85　绘制矩形形状（2）

Step 03 打开素材图像（素材\项目 7\商品图片 2.psd），运用移动工具将素材图像拖曳至背景图像编辑窗口中的合适位置处，如图 7-86 所示。

Step 04 运用横排文字工具在图像上输入相应文字，设置“字体系列”为“方正粗宋简体”“字体大小”为 8 点、“所选字符的字距调整”为 600、“颜色”为白色，如图 7-87 所示。

图 7-86　添加商品素材图片

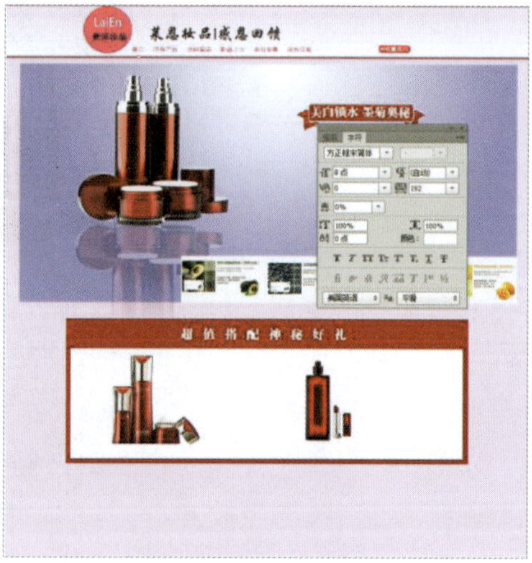

图 7-87　输入相应文字

Step 05 运用矩形工具在欢迎模块下方绘制的红色（RGB 参数值分别为 250、14、76）的矩形形状，运用横排文字工具在图像上输入相应文字，设置“字体系列”为“黑体”“字体大小”为 4 点、“所选字符的字距调整”为 500、“颜色”为白色，激活“仿粗体”图标，效果如图 7-88 所示。

Step 06 打开素材图像（素材\项目 7\文字 1.psd），运用移动工具将素材图像拖曳至背景图像编辑窗口中的合适位置处，如图 7-89 所示。

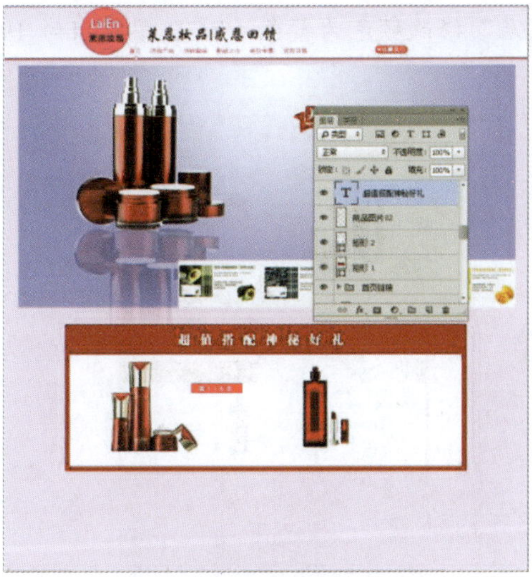

图 7-88　绘制矩形并输入文字

图 7-89　添加文字素材

7.2.4　设计美妆网店的商品展示区

设计美妆网店的商品展示区

下面为学生介绍美妆网店案例网店商品展示区的效果制作。

Step 01　运用横排文字工具在图像上输入相应文字，设置“字体系列”为“黑体”“字体大小”为 15 点、“颜色”为红色（RGB 参数值分别为 177、3、11），如图 7-90 所示。

Step 02　选取工具箱中的直线工具，设置填充颜色为灰色（RGB 参数值均为 215）、“粗细”为 2 像素，在图像中绘制一条直线，如图 7-91 所示。

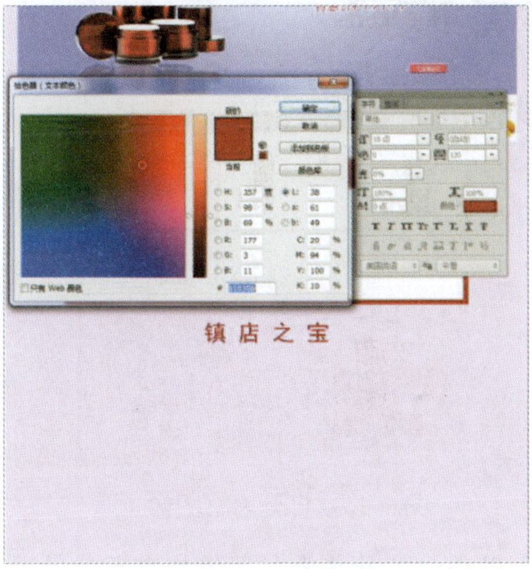

图 7-90　输入相应文字（1）

图 7-91　绘制一条直线

Step 03　运用横排文字工具输入相应文字，设置“字体系列”为“黑体”“字体大小”为 6 点、“颜色”为黑色，效果如图 7-92 所示。

Step 04 复制“矩形 1 图层”，得到“矩形 1 拷贝图层”修改颜色为紫色（RGB 参数值为 197、190、255），如图 7-93 所示。

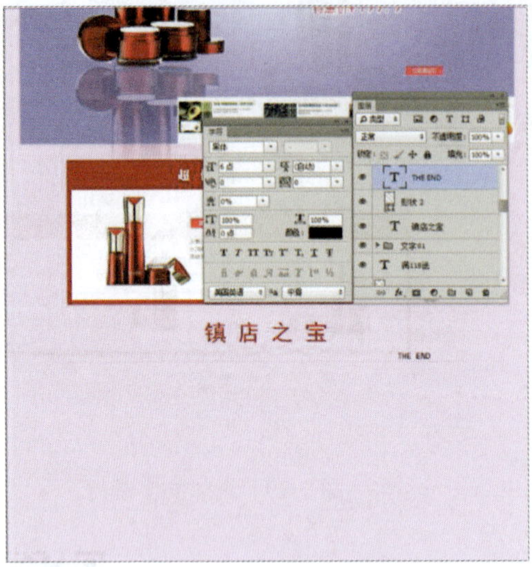

图 7-92　输入相应文字（2）

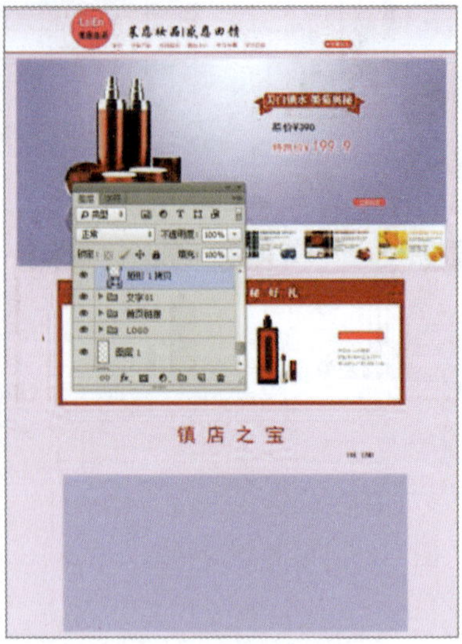

图 7-93　添加商品素材（1）

Step 05 适当调整“矩形 1 拷贝图层”中矩形的大小和位置，如图 7-94 所示。

Step 06 打开素材图像（素材\项目 7\商品图片 3.psd），运用移动工具将素材图像拖曳至背景图像编辑窗口中的合适位置处，调整大小，如图 7-95 所示。

图 7-94　调整矩形

图 7-95　打开素材图像

Step 07 打开素材图像（素材\项目 7\文字 2.psd），运用移动工具将素材图像拖曳至背景图像编辑窗口中，并调整其大小和位置，效果如图 7-96 所示。

Step 08 运用横排文字工具在图像上输入相应文字，设置“字体系列”为“方正粗宋简体”“字体大小”为 10 点、“颜色”为白色，如图 7-97 所示。

图 7-96　添加文字

图 7-97　输入相应文字（3）

Step 09 设置前景色为淡黄色（RGB 参数值分别为 255、232、126），运用圆角矩形工具绘制一个“半径”为 10 像素的圆角矩形形状，如图 7-98 所示。

Step 10 运用横排文字工具在图像上输入相应文字，设置“字体系列”为“黑体”“字体大小”为 6 点、“所选字符的字距调整”为 200、“颜色”为红色（RGB 参数值分别为 177、3、11），如图 7-99 所示。

图 7-98　绘制圆角矩形形状

图 7-99　输入相应文字（4）

Step 11 打开素材图像（素材\项目 7\商品图片 4.psd），运用移动工具将素材图像拖曳至背景图像编辑窗口中的合适位置处，如图 7-100 所示。

Step 12 打开素材图像（素材\项目 7\文字 3.psd），并整合该图层组，将图像调整至合适位置处，效果如图 7-101 所示。

图 7-100　添加商品素材（2）

图 7-101　复制并调整图像位置

Step 13 运用横排文字工具输入相应的文字内容，设置字体为黑体，颜色为红色（RGB 参数值分别为 177、3、11），设置字体大小为 12 点，行距为 8 点，如图 7-102 所示。

Step 14 执行操作后，确认输入，即可完成广告商品区的制作，效果如图 7-103 所示。

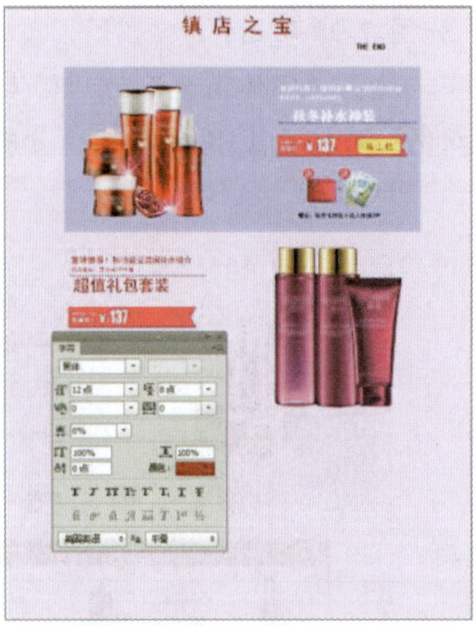

图 7-102　修改文字

图 7-103　广告商品区

7.2.5　设计美妆网店的商品热销区

设计美妆网店的商品热销区

下面为学生介绍美妆网店案例网店商品热销区的效果制作。

Step 01 创建“文字 04”图层组，将前面制作的标题栏相关图层移动到其中，并复制该图层组，将复制后的图像移动至合适位置处，如图 7-104 所示。

Step 02 运用横排文字工具修改相应的文字内容，效果如图 7-105 所示。

Step 03 打开素材图像（素材\项目 7\背景.psd），运用移动工具将素材图像拖曳至背景图像编辑窗口中的合适位置处，如图 7-106 所示。

Step04 为背景图像图层添加默认的“投影”图层样式，效果如图 7-107 所示。

图 7-104　管理并复制图层组

图 7-105　修改文字内容

图 7-106　添加背景素材图像

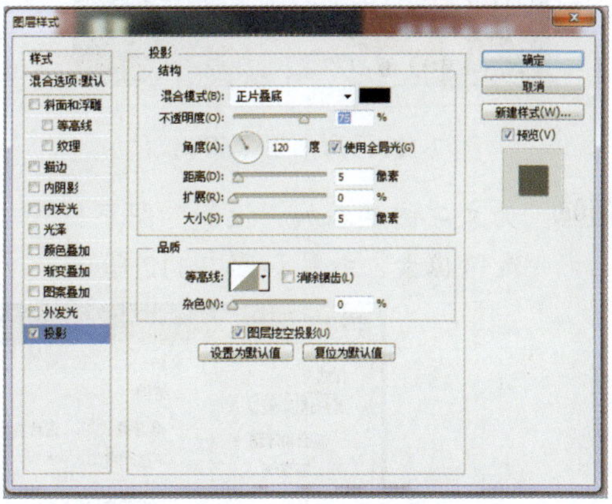

图 7-107　添加“投影”图层样式

Step05 打开素材图像（素材\项目 7\商品图片 5.psd），运用移动工具将素材图像拖曳至背景图像编辑窗口中的合适位置处，并调整其大小，如图 7-108 所示。

Step06 单击“滤镜”|“渲染”|“镜头光晕”命令，弹出“镜头光晕”对话框，设置“镜头类型”为“50-300 毫米变焦（Z）”，单击“确定”按钮应用滤镜，效果如图 7-109 所示。

图 7-108　添加商品素材图像

图 7-109　添加“镜头光晕”滤镜

Step 07 运用横排文字工具在图像上输入相应文字，设置“字体系列”为“迷你简黄草”“字体大小”为 18 点、“颜色”为白色，激活防粗体图标，如图 7-110 所示。

Step 08 为文字图层添加“描边”图层样式，设置“大小”为 2 像素、“颜色”为白色，效果如图 7-111 所示。

图 7-110　添加文字素材（1）

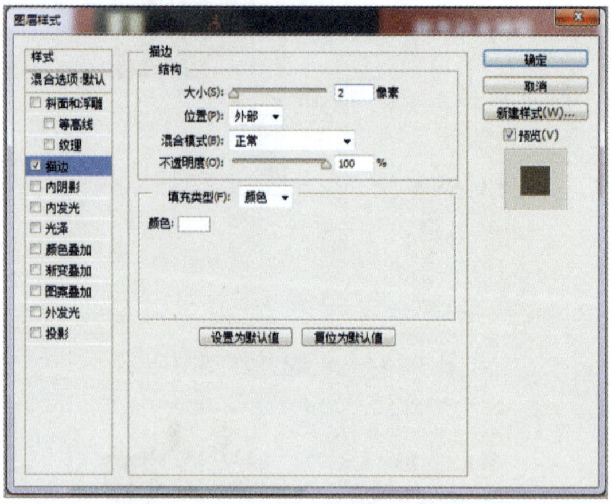

图 7-111　添加“描边”图层样式

Step 09 为文字图层添加“投影”图层样式，设置“距离”为 13 像素、“扩展”为 20%、“大小”为 8 像素，效果如图 7-112 所示。

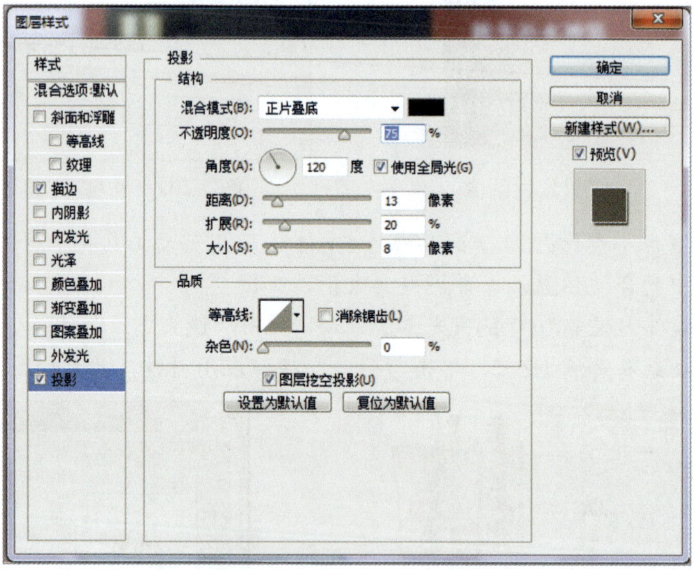

图 7-112　添加“投影”图层样式

Step 10 打开素材图像（素材\项目 7\文字 4.psd），运用移动工具将素材图像拖曳至背景图像编辑窗口中的合适位置处，效果如图 7-113 所示。

图 7-113　添加文字素材（2）

项目小结

本项目主要以美食网店和美妆网店的装修和设计为实战案例进行讲解，分别介绍了店铺的店招、导航条、首页欢迎模块、商品推荐区、商品展示区，以及功能区等内容。通过本项目的学习，学生能熟练掌握 Photoshop 的应用技巧，从布局策划到装修合理设计店铺，制作出一个别出心裁、引人注目的店铺。